KB050665

모든 도시는 특별시다

현대건축을 통한
도시구성문법 탐구여행

정 태 종

박영사

프롤로그

지구상에는 수많은 도시가 있다. 0.44km²에 801명의 바티칸 시국처럼 아주 작은 곳부터 면적이 80,000km²가 넘고 총인구가 3,000여만 명인 중국의 충칭처럼 어마어마한 규모의 도시까지, 그리고 로스앤젤레스 같이 넓게 퍼진 수평의 도시부터 뉴욕 같은 초고층의 도시까지 다양하다. 그 속에 사는 사람은 비슷할 수 있겠지만, 도시에 따라 서로 다른 삶의 방식으로 살고 있다.

도시는 무엇으로 구성되는가? 도시는 머리로는 다 알 수 없을 정도의 다양한 요소들로 가득 차 있다. 개인적으로 익숙한 것도 있고 전혀 알지 못하는 생소한 것들도 많다. 물리적인 것도 있고 눈에 보이지 않는 사회적이며 비가시적인 요소들도 있다. 개인에게 익숙한 일상성을 만드는 것도 있고 도시에 산재해 있는 이질성의 도시 공간과 프로그램, 소위 미셸 푸코Michel Foucault의 헤테로토피아Heterotopia도 있다. 일상에서부터 한발만 나가도 너무 많은 다양한 것이 둘러싸고 있기에 그 모든 것을 다 파악한다는 것은 불가능에 가깝다. 결국, 도시는 자신을 중심으로 이해하는 폭과 범위에 따라 같이 더불어 살게 된다.

그럼 도시를 이해하는 요소는 무엇일까? 사람마다 관련 있는 요소가 다르니 개인을 기준으로 한다면 각자가 잘 알고 관심을 두는 것이리라. 그것이 현재의 나로서는 건축이고 특히 현대건축이다. 그래서 도시를 이해하기 위해서 도시를 구성하는 요소를 통한 문법으로 도시의 건축을 살펴보고 분석하고 의미를 찾는다. 이러한 작업은 진리를 찾아 나서는 지식인의 현학적인 태도도 아니고 도시를 구원하겠다는 구도자의 태도도 아니다. 그저 도시와 주변을 잘 알고 이해하고 싶을 뿐이다.

현대도시는 현대사회를 반영한다. 도시와 건축은 각 시대와 사회에 민감하게 반응한다. 그 속에 사는 사람의 생활양식의 결과물이니 당연하다. 시뮬라크르Simulacre와 사이버 공간이 당연한 시대가 되니 물리적 실체가 중요한 건축은 이제는 도시를 이해하기엔 커다란 한계를 갖는 듯하다. 그래도 아직은 도시 속 인간 활동의 최종 결과물로서 건축의 가치는 유효해 보인다. 많은 사람이 살고 있지만, 속사정을 직접적으로 파악하기 어려운 상황을 대변할 수 있는 건축을 통하여 각 도시의 구성 문법을 탐구하고자 한다.

이 책은 크게 네 부분으로 나뉜다. 각 도시의 특성을 찾아 펼쳐놓으니 도시마다 너무 달라서 잘 설명할만한 방법이 절실했다. 그래서 이런저런 방법으로 정리해 보았지만 신통치 않았다. 결국 가장 기초적일 수 있고 고전적일 수 있는 분류 방법을 취하고자 했다. 내가 찾아낸 각 도시의 특성을 보여주는 것이 나의 역할이고 그 특성을 나름대로 재분류하고 재가공하는 것은 독자의 몫이라 생각해서 최소한의 느슨한 형식인 공간적, 건축적 특성으로 살짝 묶었다. 도저히 분류가 안 되는 경우는 내 의지대로 무리해서 끼워 넣었다. 그러니 분류의 순서와 무관하게 여기저기 들춰서 읽고 각자의 판단으로 도시를 이해하기를 바란다. 그럼에도 불구하고 읽다 보면 어떤 도시는 나의 명확한 관점을 가지고 도시의 정체성을 강요하듯 쓰기도 하고 또 다른 도시는 특별한 이슈 없이 그냥 하나의 도시를 써내려 간 듯 느낄 수도 있다. 모든 글은 도시의 경험에 대한 개인적 고백록이니 도시별 글의 온도는 다양한 도시에 대한 나의 태도와 애정의 차이로 이해하길 바란다.

나는 특별한 것을 좋아하지 않는다. 내가 다른 사람 눈에 띄는 것도 별로다. 학생 시절 선생님의 질문에 답을 알아도 손을 들지 않았다. 다른 학생에게 이목이 쏠리는 것에 불편함을 느꼈기 때문이다. 그런데 건축하면서 조금씩 바뀌고 있는 나를 발견하게 된다. 건축주는 자신의 건물이 눈에 띄길 원하고 건축설계도 그렇게 해주길 바란다. 건축가도 자신의 건축물이 다른 주변보다 눈길이 한 번 더 가고 알아봐 주기를 바란다. 그래서 과감한 형태와 색으로 때로는 아무런 치장도 하지 않은 미니멀리즘처럼 다양한 방법으로 자신을 드러낸다. 나는 나의 건축적 색깔로 특정 도시의 공간적 특성과 인상을 만들고 싶다고 생각한 때가 있었다. 외부에 노출되는 것을 싫어하지만 주변 사람에게 인정을 받고 싶은 이율배반적인 사고로 도시를 바라보았던 시절 내가 좋아하는 도시는 다른 도시와 명확하게 구분되는 차별성을 가진 도시였다. 지금도 완전히 벗어난 것은 아니지만 이제는 조금씩 그런 것이 아니란 것을 깨닫고 있다. 평범하고 잘 인지되지 않는 삼베의 색이나 아마빛이 블루나 빨강보다 중요하다는 사실은 도시에도 적용되는 듯싶다. 내가 아는 한 눈에 띄지 않는 그래서 속으로 들어가서 자세히 보고 골목을 다녀봐야 하는 도시가 특별하다. 그리고 내가 경험해 본 모든 도시는 특별했다. 그래서 모든 도시는 특별시다.

이 책은 그동안 단국대학교 교양과목인 도시구성문법탐구여행의 수업, 네이버 프리미엄 콘텐츠의 TJ건축도시공간채널, 그리고 치과신문에 연재한 건축과 도시에 관한 자료를 바탕으로 각 도시의 특별함을 중심으로 도시를 설명하는 관점에서 다시 정리한 결과이다. 강의 초기에 제대로 된 자료도 없이 고생하며 나와 같이 공부하던 학생들과 대중을 위한 글을 쓰기 시작하면서 하나씩 모아오던 자료가 제법 손에 잡힐 정도가 되었다. 아직도 많이 부족하지만, 이제는 조금 나아진 상황으로 강의도 하고 강연도 하고 싶은 마음으로 특별한 여러 도시를 하나의 책으로 묶었다. 출간에 관하여 모든 것을 도와준 출판사에게 감사드린다.

단국대학교 죽전 캠퍼스에서
새 학기를 준비하며

차례

Chapter 02

다양성의 유럽 도시

Chapter 03

구조주의와 위상학

Chapter 04

혼종(하이브리드)의 도시

Chapter 07

미니멀리즘의 도시

Chapter 08

경이로운 자연과 도시

PART 03

오래된 미래의 특별시

Chapter 09

역사와 함께하는 현대건축

Chapter 10

역사 속 현대건축

Chapter 11

도시의 정체성

PART 04

탈바꿈하는 특별시

Chapter 12

현대건축과 도시

PART

01

현대사회와 특별시

COFFEE

Chapter 01

시뮬라크르(Simulacre)와 자유로운 도시

영화라는 시뮬라크르가 더 현실 같은 현대 사회에서 디즈니 월드는 현실판 3차원의 시뮬라크르 공간을 즐길 수 있는 곳이다. 이제는 진품보다 가짜가 더 진짜와 같은 사회이고 현실보다는 사이버 가상세계가 중심이 되었으니 어찌 보면 디즈니 월드도 한물간 것일 수도 있다. 조만간 우리는 직접 디즈니 월드로 놀러가지 않고 나만의 가상의 디즈니 월드를 꾸미면서 즐길지도 모른다.

- 로스앤젤레스(Los Angeles)
  자유로운 건축, 디즈니 꽃을 피우다
- 휴스턴(Houston)
  항공우주 공간 나사(NASA)와 텍사스 트라이앵글
- 뉴올리언스(New Orleans)
  아픈 역사 속 자유로운 재즈의 낭만
- 올랜도(Orlando)
  시뮬라크르를 넘어 바다 위를 달리는 영혼
- 밴쿠버(Vancouver)
  리버럴(Liberal) 캐나다

로스앤젤레스(Los Angeles), 캘리포니아(California)
자유로운 건축, 디즈니 꽃을 피우다

로스엔젤레스 퍼시픽 코스트 하이웨이 앤 비치 피어
(Los Angeles Pacific Coast Hwy & Beach Pier)

천사의 도시, 로스앤젤레스Los Angeles(LA)는 미국에서는 뉴욕에 이어 두 번째로 큰 대도시이며 서부지역에서는 가장 큰 도시이다. 그러나 뉴욕의 도시 공간 특성이 수직의 마천루인 데 비하여 LA는 수평으로 넓게 펼쳐진 도시로 뉴욕과 완전히 다르다. 집 없이는 살아도 자동차 없이는 살 수 없을 정도이고 집 앞 시장 장보기에도 자동차가 필수다. 태평양을 두고 아시아와 가깝고 옛 멕시코 땅이라 아시아인과 히스패닉이 많아 백인이 소수민족이라는 말이 나올 정도로 다양한 사람들이 어우러져 살고 있다. LA의 다양한 인종과 생활양식만큼이나 전 세계 어느 곳도 여기만큼 자유로운 형태와 공간의 건축은 없을 것이다. 말 그대로 상상의 건축이 현실이 된다. 조각 같은 LA의 건축물은 미국 서부를 대표하는 건축가인 프랑크 게리Frank Gehry, 톰 메인Thom Mayne의 몰포시스Morphosis, 에릭 오웬 모스Eric Owen Moss가 주도한다.

LA 도심의 언덕 위에 있는 월트 디즈니 콘서트홀Walt Disney Concert Hall은 빌바오 구겐하임 박물관으로 유명한 프랑크 게리의 건축물이다. 멀리서 바라보면 디즈니 콘서트홀은 마치 꽃이 핀 것 같은 형상이다. 특히 햇빛이 티타늄 금속패널에 비치는 시간이면 더욱 환상적으로 보인다. 도심 멀리서부터 눈길을 끄는 은빛의 꽃은 점차 가까이

월트 디즈니 콘서트홀(Walt Disney Concert Hall)_프랑크 게리(Frank Gehry)

더 브로드(The Broad)_딜러 스코피디오와 렌프로(Diller Scofidio+Renfro)

다가갈수록 압도적인 경외감이 느껴진다. 주변과 매우 이질적인 형태와 건축 재료인데 이렇게 어울릴 수 있을까 하는 의아함에 고개가 갸우뚱해질 정도이다. 주변과 다른데도 불구하고 마치 예전부터 이 자리에 있었던 것 같이 느껴진다. 디즈니 콘서트 홀 바로 옆에 위치한 딜러 스코피디오와 렌프로Diller Scofidio+Renfro의 더 브로드The Broad는 또 다른 최첨단 현대건축의 위상을 뽐내고 있다. LA 건축의 상상력은 무궁무진하다.

LA 지역 포스트 모더니즘Post Modernism의 대표작이라 할 수 있는 건축은 프랑크 게리 건축가 자신이 설계한 본인의 주택인 게리 레지던스Gehry Residence이다. 미국 동부에 로버트 벤투리Robert Venturi의 주택이 있다면 서부에서는 이곳이 현대건축의 전형이라 할 수 있다. 특이한 것은 주택에 특별한 건축 재료를 이용한 것이 아니라 일상에서 쉽게 구할 수 있는 다양한 건축 재료를 계속 덧붙여 만들어 주택의 형태가 건축가 사고의 자유로움을 시각적으로 명확하게 보여준다는 점이다. 새로움은 파랑새처럼 멀리 있는 것이 아니라 우리 주변에 노출되어 있다는 사실이 맞다. 단지 우리가 못 알아볼 뿐이다.

처음 보면 황당하다고 생각이 들 정도인 프랑크 게리의 자이언트 바이노큘러스Giant Binoculars는 베니스 비치 근처에 있는 또 다른 포스트모더니즘 양식의 건축이다. 손안의 작은 도넛을 세상 밖의 거대한 대형 도넛으로 확대하여 직설적으로 보여주는 랜디스 도넛Randy's Donuts의 사인이지와 유사한 디자인 전략이다. 이 둘은 스케일에 따른 인식과 지각의 차이가 얼마나 큰지 알려준다. 익숙한 형태를 그대로 표현하여 오히려 낯설게 만드는 쌍안경 건축에 당황하면서 어이없어 실소가 터지지만, 한번 보면 절대 잊히지 않는 상황을 만드는 포스트모더니즘의 디자인 방법에 존경심이 들 정도이다. 이렇게 극단적으로 밀어붙이는 건축 행위가 가능한 것이 부러울 따름이다.

톰 메인Thom Mayne의 몰포시스Morphosis 건축사무소는 건축에 미국 서부의 자유로움을 그대로 드러낸다. 대표 건축물인 LA 외곽의 다이아몬드 렌치 고등학교Diamond Ranch High School는 다양한 매스와 사선을 이용하여 완전히 새로운 건축을 만든다. 건축과 조각의 경계에서 볼 때 다른 LA 건축가들의 건축은 조각처럼 보이는 데 비해 몰포시스는 그보다는 건축 쪽에 가까운 것 같다. 그렇다고 해도 기존의 건축에

에머슨 대학교(Emerson College Los Angeles Center)
_몰포시스(Morphosis)

서 바라보면 상당히 파격적인 건축이다. 세련되고 우아하면서도, 저돌적이면서 지적인 건축의 형태와 디테일이 놀랍다.

최근 몰포시스는 주로 건축물의 입면에 단위 유닛의 패턴이 파도처럼 흐르는 변화의 순간을 표현하는 파라메트릭 디자인Parametric Design을 이용하여 독특하고 환상적인 설계안을 만든다. 에머슨 대학교Emerson College Los Angeles Center는 단순한 사각형 프레임으로 외부형태를 만들고 아치 벽면은 파라메트릭 패턴을 넣고 아치 내부 공간은 자유로운 형태의 매스를 위치시켜 복합 공간의 구성을 나타낸다. 또한, LA 다운타운 공공청사 중 하나인 캘리포니아 교통국California Department of Transportation은 자유로운 형태와 접기를 이용한 외피, 곡선과 직선의 연결, 커다란 사인이지, 금속패널과 금속 메쉬Metal Mesh 등 건축 재료, 인공조명 등을 이용한 공간 구성과 현상학적 분위기 등 예사롭지 않은 건축을 보여준다.

에릭 오웬 모스Eric Owen Moss는 LA시내 컬버 시티Culver City를 중심으로 건축을 조각처럼 형태화하고 시각화하는 건축가이다. 왓 월What Wall의 형태적 특이함은 LA의 강렬한 햇빛 아래 뭐가 섬뜩하고 그로테스크하게 느껴져 더위 속에서도 마음의 한쪽 구석을 서늘하게 만드는 무언가가 있다. 마치 LA 호러 영화 속 세트장의 비명소리가 들릴 듯하고 현실과 영화 세트의 헷갈림은 사이버 공간으로까지 확장되는 듯하다. 이러한 건축이 하나만 있는 것이 아니라 Samitaur Tower, Big Picture Entertainment, Omelet, Wild Card Media 등 특이한 형태의 건축물들이 컬버 시티 내 가까이 모여 있어 마치 일상 속 야외 조각 공원처럼 걸으면서 감상할 수 있다.

LA의 자유로운 건축 설계는 창의력 갑 건축학교인 사이악SCI-Arc.: Southern California Institute of Architecture과 관련 있다. 전 세계적으로 에이에이 스쿨AA School, 베를라헤 인스티튜트Berlage Institute, TU Delft와 함께 실험적 현대 건축의 대표 건축학교이다. 에릭 오웬 모스Eric Owen Moss, 톰 메인Thom Mayne 등 LA 건축의 대표 건축가들이 교육에 참여하고 있다. 기존의 도심 산타페Santa Fe 기차 역사를 건축학교로 탈바꿈하여서 내부 공간은 막힘없이 매우 기다란 저층의 공간이다. 뉴욕 맨해튼 초고층 건물을 눕혀 놓은 것보다 길다고 하고 심지어 건물이

더 게티(The Getty)_리처드 마이어(Richard Meier)

하도 길어 학생들이 학교 내에서 킥보드를 타고 다닐 정도이다.

LA에는 이 지역의 대표 건축가뿐만 아니라 세계적인 건축가들의 건축도 즐비하고 그 규모가 압도적인 경우가 많다. 미국 서부의 스케일을 단적으로 알 수 있는 곳이 리처드 마이어Richard Meier가 설계한 더 게티The Getty이다. 처음 가면 당황할 정도의 규모로 미술관 전용 트램이 있을 정도이다. 미술관이 산타모니카 산Santa Monica Mountains 중턱에 있어 일단 자동차로 주차장에 도착해서 주차하고 나서 트램을 탄다. 미술관 입구에 도착하면 하나의 독립된 원형 건물인 리셉션이 반긴다. 이를 거쳐 외부공간으로 나가면 수공간을 중심으로 좌우에 전시공간이 펼쳐지고 주변에 정원이 조성되어 있다. 미술관 제일 끝으로 가면 LA 도시 전망이 파노라마처럼 펼쳐진다. 리처드 마이어만의 건축 특성인 다양한 형태의 백색 건축이 군집하고 있다.

뉴욕 맨해튼에 MoMA가 있다면 LA 다운타운에는 MoCA가 있다. MoCAThe Museum of Contemporary Art는 일본 2세대 근·현대 건축가의 대표 건축가 이소자키 아라타Isozaki Arata의 작품이다. 1900대 초 일본성을 이용한 제관양식 건축에서 벗어나 서양의 고전주의를 이용하여 새로운 일본성을 정의하고 세계적인 건축 활동으로 유명하다. 그는 LA의 대표적인 미술관인 MoCA를 설계함으로써 건축 활동의 정점을 찍는다.

LACMALos Angeles County Museum of Art는 LA 구도심에 있는 대표 미술관이다. 1910년 설립된 오래된 전시 공간 주변에 2004년 렌조 피아노Renzo Piano 설계로 리노베이션을 진행하였고 최근에는 피터 줌터Peter Zumthor에 의해 리노베이션 3단계가 진행되고 있다. 기존의 미술관과 외부공간을 서로 엮어 새로운 분위기의 공간을 만들 예정이다.

찰스 앤 레이 임스Charles and Ray Eames가 설계한 케이스 스터디 하우스 8번Case Study House No.8으로 알려진 임스 파운데이션Eames Foundation은 20세기 중반의 추상적이며 기하학적으로 표현된 근대건축의 대표작이다. 그들이 디자인한 가구, 전시, 건축 등 토탈 디자인을 직접 경험할 수 있는 곳이다.

현대건축의 대표 건축가인 렘 콜하스가 현대철학 구조주의의 위상학을 은유적으로 차용한 건축물이 LA 시내 명품거리에 있다. 프라

천사들의 모후 대성당(Cathedral of Our Lady of the Angels)
_라파엘 모네오(Rafael Moneo)

다 비버리 힐즈Prada Los Angeles Beverly Hills는 독특한 입구와 쇼룸, 계단을 이용한 공간, 투명한 공간에서 불투명한 공간으로 변하는 피팅룸 등 놀라운 공간의 집합체이다. 렘 콜하스는 뉴욕과 LA 두 군데의 프라다에서 새로운 상업공간에 대한 파격적인 실험을 단행했다.

LA 다운타운을 가로지르는 101 고속도로 옆에 사막을 상징하는 모래, 빛, 그리고 노출 콘크리트로 만든 천사들의 모후 대성당Cathedral of Our Lady of the Angels은 규모도 상당하지만 옆쪽 고속도로에 드러내는 존재감이 대단하다. 사막의 도시라는 LA의 분위기를 만드는 건축물의 모래 색감은 건조한 도시 내 샘물이 필요함을 더 절실하게 보여주는 듯하다. 캘리포니아가 옛 멕시코 소유라는 사실과 스페니시 콜로니얼Spanish Colonial 양식과 연관되는 듯한 스페인 건축가 라파엘 모네오Rafael Moneo의 설계라 그런지 다른 현대건축과 비교해도 색다른 깊이가 느껴지는 듯하다. 101 고속도로 건너편에 해체주의 건축가인 쿱 힘멜브라우Coop Himmelb(l)au가 설계한 라몬 C. 코틴스 시각예술학교Ramón C. Cortines School of Visual and Performing Arts가 서로 마주하고 있는데 건축의 여러 측면에서 극적인 대비를 이룬다.

LA 다운타운에서 한 번 놀란 가슴은 남쪽 지역으로 내려가면 미국 건축가 필립 존슨Philip Johnson이 설계한 크라이스트 캐세드럴Christ Cathedral 교회의 규모와 건축양식에 다시 한 번 더 놀란다. 심지어 이곳에서는 드라이브 스루 예배도 가능하다. 크리스탈 캐세드럴Crystal Cathedral이라는 옛 별명처럼 유리를 이용한 예배당은 내부로 들어가면서 자연스럽게 경외감이 들 정도이다. 1960년대부터 최근까지 가장 유명한 건축가들에 의해 설계된 교회와 주변 건축물은 기독교 신도가 아니더라도 구석구석 살펴볼 만하다.

휴스턴(Houston), 텍사스(Texas)
항공우주 공간 나사(NASA)와 텍사스 트라이앵글

메닐 컬렉션(The Menil Collection)_렌조 피아노(Renzo Piano)

미국의 상상력은 지구에 머물지 않고 우주로 확장한다. 우주에 관련된 공간을 품고 있는 도시가 휴스턴Houston이다. 휴스턴은 미국 텍사스 주의 가장 큰 도시이며, 휴스턴 선박 운하로 멕시코 만과 연결되어 바다 없는 항구이면서 면화 수출항이다. 세계 최대의 메디컬 센터인 텍사스 메디컬 센터와 미국 항공우주국NASA의 존슨 우주 센터가 있다.

NASA 존슨 우주 센터NASA Johnson Space Center의 공식 방문 센터Official Visitor Center는 미 항공우주국 NASA의 본사로 교육 프로그램과 상설 전시물을 통해 미국 우주여행의 모든 시대를 보여주는 교육 센터이다. 이곳을 한마디로 정의한다면 미국의 유명한 테마파크인 디즈니랜드, 유니버설 스튜디오의 우주 확장판이 아닐까 싶다. 그런데 그보다 더 대단한 것은 다른 테마파크가 영화와 상상의 결과물이라면 이곳 NASA는 오늘도 실제로 작동하고 있는 현실판이라는 사실이다. 그래서인지 체감의 깊이가 다르다. 미국에서만 갈 수 있는 유일한 곳이 이곳이다. 실제 우주선을 보고 NASA의 로봇을 만나며 달 표면의 바위를 직접 만져볼 수도 있다. 과거 우주 비행 관제 센터Historic Mission Control 및 국제 우주 정거장 관제 센터International Space Station Mission Control를 둘러볼 수 있다. 우주 비행사들이 우주에서 생활하고 일하기 위해 훈련을 받는 스카이랩 트레이너Skylab Trainer를 직접 보는 경험도 한다. 우주선 관제센터에는 생각보다 오래된 공간도 있지만 그만큼 미국 우주 탐험에 대한 역사가 깊다고 할 수 있다.

이러한 우주 관련 도시에 꽤 유명한 미술관이 있다는 사실도 눈

여겨봐야 한다. 메닐 컬렉션The Menil Collection은 이탈리아 건축가 렌조 피아노Renzo Piano가 설계한 전시공간에 다양한 장르의 16,000점이 넘는 예술작품과 유물이 전시되어 있다. 미술관 주변에 미국 추상주의 화가 사이 톰블리Cy Twombly 갤러리와 존스톤 마크리Johnston Marklee가 설계한 메닐 드로잉 인스티튜트Menil Drawing Institute가 모여 있다. 특이하게도 이탈리아 건축가 렌조 피아노의 명성은 고향 이탈리아보다 텍사스에서 더 대단하다. 최근에는 텍사스를 넘어 LA까지 확장해서 LA 대표 미술관인 LACMA를 설계했다. 한국의 서울 광화문 KT 본사도 렌조 피아노 작품이다.

메닐 컬렉션The Menil Collection 근처에 있는 로스코 채플Rothko Chapel은 미국의 대표 추상화가 마크 로스코Mark Rothko와 건축가 필립

로스코 채플(Rothko Chapel)
_마크 로스코(Mark Rothko), 필립 존슨(Philip Johnson)

존슨Philip Johnson이 같이 설계를 진행한 곳이다. 채플이지만 종교공간이라기보다는 미술관의 분위기가 더 강하다. 외부는 채플 앞쪽 수공간에 바넷 뉴먼Barnett Newman의 부러진 오벨리스크Broken Obelisk가 전시되어 있고 내부는 14개의 대형 캔버스로 구성된 로스코의 그림들로 채워져 있다. 특정 종교와 관계없이 모두에게 열린 명상의 공간과 사회정의를 위한 기도 공간의 작은 팔각형 평면의 단층 건물이다. 그리고 로스코만을 위한 로스코의 작품 갤러리이기도 하다.

텍사스 트라이앵글의 꼭짓점 한곳을 차지하는 샌안토니오San Antonio는 텍사스 주의 남부, 멕시코 가까이에 있는 공업도시이다. 휴스턴에 이어 텍사스 주에서 두 번째로 인구가 많은 도시이다. 교통의 중심지이며 스페인 통치 시대의 흔적이 남아 있는 도시로서, 교육·군사시설이 많다. 이곳은 현대건축보다는 도시의 오래된 유적과 도심의 낭만적인 공간을 즐길 수 있는 곳이다. 도시 근처에 유명한 알라모 요새 유적이 있어 많은 사람이 방문한다. 샌안토니오의 대표적인 공간은 도심을 가로지르는 샌안토니오 리버 워크San Antonio River Walk이다. 파세오 델 리오Paseo del Rio라고도 불리는데 샌안토니오 강을 따라있는 4.5km 길이의 강변거리 하부에 레스토랑, 호텔, 카페, 기념품 가게, 극장, 박물관 등이 자리 잡고 있다. 보트를 타고 샌안토니오 도심 주변의 주요 역사적 장소를 따라가는 경험은 독특하고 새롭다. 강가에 있는 식당들도 하나같이 개성이 강한 분위기로 눈길을 끈다. 특히 무더운 날씨를 피해 밤에 강가를 여유롭게 산책하는 것이 좋다. 멕시코와 가까워서인지 이곳에서는 히스패닉과 멕시코 문화를 눅진하게 느낄 수 있다.

뉴올리언스(New Orleans), 루이지애나(Louisiana)
아픈 역사 속 자유로운 재즈의 낭만

프렌치 쿼터(French Quarter)

미국의 자유로움은 음악에서도 남다르다. 재즈Jazz는 자유로움을 대표하는 장르이다. 자유로운 연주의 호흡으로 인해 재즈는 아무리 같은 곡을 여러 번 들어도 매번 새롭다. 미국은 영혼의 자유로움까지도 만들어 낸 듯하다. 재즈 역사상 가장 뛰어난 즉흥 연주가인 찰리 파커Charles Christopher Parker의 재즈를 들으면서 관련된 도시를 둘러본다.

뉴올리언스New Orleans는 루이지애나Louisiana 주 남부의 미시시피 강에 위치한 루이지애나 주의 최대 도시이다. 멕시코만과 미시시피 강을 끼고 있는 항구 도시로 라틴 아메리카와의 무역의 중심지이며, 남부 최대의 상공업 및 금융의 중심 도시이다. 미국에서 재즈가 탄생한 도시로서 재즈의 고향으로 널리 알려져 있다. 도시 개발 초기에 프랑스인에 의해서 건설되었기 때문에 구시가에는 프랑스 영향을 많이 받은 도시 초기의 건물이 많다. 2005년에 허리케인 카트리나에 의해 도시 전체가 심한 피해를 당하였으며, 2011년 미시시피 강 홍수로 큰 피해를 보았다. 지금도 그 흔적이 도시 곳곳에 남아 있을 정도이다.

뉴올리언스 시내 프렌치 쿼터French Quarter는 주철 발코니가 있는 화려한 건물과 활기찬 밤 문화로 유명한 뉴올리언스의 유서 깊은 도시 중심지이다. 그중 대표적인 거리인 버번 스트리트Bourbon Street에는 수많은 재즈 클럽, 케이준 식당, 칵테일 바들이 있다. 거리는 매콤한 뉴올리언스 스타일의 맛있는 케이준 음식을 먹고 현지 공예품을 구입할 수 있는 프렌치 마켓으로 이어진다. 세인트루이스 대성당 앞의 잭슨 광장에서는 길거리 공연자들의 공연을 즐길 수 있다. 흥겹고 즐거운 거리를 다니면 특별히 무언가를 하지 않아도 도시의 분위기를 만끽할

이탈리아 광장(Piazza d'Italia)_찰스 무어(Charles Moore)

수 있다. 이곳에 있다는 것만으로도 흥이 나고 낭만이 솟는다.

미국의 대표적 건축가인 찰스 무어Charles Moore가 설계한 이탈리아 광장Piazza d'Italia은 초기 포스트모더니즘 건축의 대표적인 사례이다. 이탈리아계 시민들의 봉사와 헌신을 기념하기 위해 1978년에 준공한 작은 공공 광장으로 쇠퇴하는 도심지의 도심 재생 계획의 하나로 진행되었다. 당시 포스트모더니즘에 많은 논쟁거리를 유발하면서도 시선을 끌었다. 동심원의 포장이 된 광장 동쪽에 이탈리아 반도 형상의 캐스케이드와 수공간을 설치하고, 폴리크롬 기둥, 아키트레이브, 르네상스풍의 콜로네이드를 겹겹이 설치했다. 낮과 밤 모두 평화롭고 낭만적인 분위기가 연출된다.

미국 남부의 수도라 불리는 애틀랜타Atlanta는 미국 동남부 조지아

Georgia 주의 주도이자 메트로폴리탄 지역의 핵심도시이다. 최근 애틀랜타는 지역을 중심으로 하는 상거래의 도시에서 국제적 영향력의 도시로 전환하였다. 1960년대에 애틀랜타는 마틴 루서 킹 주니어Martin Luther King Jr.의 출생지이자 그와 함께 민권 운동의 중심지였으며 도시의 역사적인 흑인 대학들에서 온 학생들이 민권 운동의 주요 역할을 하였다.

하이 뮤지엄High Museum of Art은 애틀랜타 시내의 북쪽 우드러프 아트센터Woodruff Arts Center 안에 있는 미술관이다. 리처드 마이어가 설계한 백색 타일의 외관으로 유명한 미술관이며, 최근 이탈리아의 건축가 렌조 피아노가 기존의 마이어 빌딩보다 2배 규모의 전시 공간 2개와 행정 센터 건물까지 총 3개의 건물을 확장 개관하였다. 내부 공

하이 뮤지엄(High Museum of Art)
_리처드 마이어(Richard Meier), 렌조 피아노(Renzo Piano)

간은 빛을 이용하여 밝으며 각 층을 연결하는 계단은 완만한 경사로를 이루고 있다. 이 미술관은 리처드 마이어 특유의 백색 건축의 전형이며 진입로를 따라 내부로 들어가면 원형의 기하학에 따른 공간과 다양한 선택의 공간이 섞여 있는 독특한 전시공간을 만날 수 있다.

마틴 루서 킹 주니어 국립역사공원Martin Luther King Jr. National Historical Park은 흑인 인권 운동가로서 노벨평화상을 수상한 마틴 루서 킹 주니어의 삶과 업적과 관련된 여러 유적지를 포함하고 있는 역사기념관이다. 루서 킹이 마지막으로 연설했던 교회, 루서 킹 목사가 태어나 유년 시절을 보낸 집, 루서 킹의 무덤 등이 있다. 애틀랜타 하면 이곳을 떠올릴 정도로 대표적인 곳이니 꼭 가봐야 한다.

올랜도(Orlando), 플로리다(Florida)

시뮬라크르(Simulacre)를 넘어 바다 위를 달리는 영혼

월트 디즈니 월드 리조트(Walt Disney World Resort)

올랜도Orlando는 미국 플로리다Florida 주에 있는 도시이다. 본래 플로리다 중부 오렌지 재배 지역의 중심지도 오렌지를 집산하는 지방의 평범한 도시였으나, 1971년 부근에 대규모 테마파크인 월트 디즈니 월드 리조트Walt Disney World Resort가 들어서면서 도시가 변하기 시작해서 현재에는 인구 100만 명이 넘는 대도시로 성장하였다. 디즈니 월드 이외에도 다양한 테마파크들과 대규모 컨벤션센터가 있어 각종 박람회, 전시회가 자주 열려 기업인이나 각종 집회 참가자들과 관광객이 끊이지 않는 세계적인 관광도시가 되었다.

디즈니 월드 리조트는 세계 최고의 놀이동산 중 하나이다. 4개의 테마파크, 2개의 워터파크, 그리고 24개 이상의 디즈니 리조트Disney Resort 호텔, 공연장 등으로 구성된 곳이다. 마이클 그레이브스Michael Graves가 설계한 팀 디즈니 빌딩Team Disney Building, 월트 디즈니 월드 돌핀 앤 스완 호텔Walt Disney World Dolphin & Swan Hotels 등 포스트 모더니즘 건축의 정수를 살펴볼 수 있다. 마이클 그레이브스는 LA지역 버뱅크Burbank의 월트 디즈니 스튜디오The Walt Disney Studios인 일곱 난쟁이 건물을 포함하여 디즈니 건축가라는 타이틀이 붙을 정도로 디즈니 리조트 문화와 밀접하다. 디즈니 월드 리조트는 미국식 포스트모더니즘을 대표하는 건축이니 눈여겨보고 이왕이면 머물러보자. 영화라는 시뮬라크르가 더 현실 같은 현대 사회에서 디즈니 월드는 현실판 3차원의 시뮬라크르 공간을 즐길 수 있는 곳이다. 이제는 진품보다 가짜가 더 진짜와 같은 사회이고 현실보다는 사이버 가상세계가 중심이 되었으니 어찌 보면 디즈니 월드도 한물간 것일 수도 있다. 조만간 우리는 직접 디즈니 월드로 놀러가지 않고 자신만의 가상의 디즈니 월드를 꾸미면서 즐길지도 모른다. 미국의 호시절을 대표하는 포스트모더니즘과 영화산업은 시뮬라크르라는 개념으로 기존의 유럽 중심의 전통 사회를 완전히 바꾸었고 이제는 그 헤게모니가 아시아의 가상세계로 움직이고 있음을 디즈니 월드 한복판에서 절실히 느껴보자.

마이애미Miami는 뉴욕, 로스앤젤레스와 시카고에 이어 도시화된 지역이다. 이곳은 국제 은행들의 집중과 많은 기업 본부들의 본거지이며, 방송 미디어, 음악, 패션, 영화와 공연 예술 연예계의 국제적 중심지이다. 마이애미 항구는 세계에서 가장 큰 크루즈 선박들이 머무르고, 그로 인해 많은 선박의 중심지가 되었다. 크루즈 선박을 실제로 보면 대형 호텔만한 규모의 어마어마함에 놀란다. 2008년 마이애미는 연중 깨끗한 공기, 막대한 푸른 공간들, 깨끗한 거리들과 전 도시의 재생 이용 프로그램으로 미국의 가장 깨끗한 도시로 탈바꿈하였다. 미국에서 남미로 가는 가장 가까운 도시라 그런지 미국에서 히스패닉 문화가 강한 도시이며, 쿠바인이 도시 인구의 30% 이상을 차지한다.

마이애미 하면 떠오르는 대표공간은 마이애미비치 건축 지구Miami Beach Architectural District이다. 그중 아르 데코 웰컴 센터Art Deco Welcome Center는 플로리다 주 마이애미비치의 남쪽 지역에 위치한다. 6번가와 데이드 대로 사이 사우스 마이애미 비치에 있는 960여 개의 건축은 1930년대에 세계 최고의 건축가들이 참여하여 조성되었다. 바다에 가장 가까운 아르 데코Art Deco 양식의 거리는 특히 보행자 산책 거리와 야간 조명의 공간으로 유명하다.

윈우드 월(Wynwood Walls)

윈우드 월Wynwood Walls은 전 세계 예술가가 참여한 거대하고 화려한 거리 벽화가 있는 독특한 야외 공간이다. 그라피티Graffiti의 느낌이 아닌 아예 캔버스를 벽으로 바꾼 듯하다. 교통안내나 소화전, 바닥까지 예술로 가득한 거리를 천천히 거닐면서 벽화 작품을 살펴봐야 한다.

마이애미 바닷가의 비스카야 뮤지엄Vizcaya Museum & Gardens은 격조 있는 공원, 조각상, 작은 동굴이 있는 역사적 부지로 1914년경 저택을 박물관으로 개조했다. 1916년 기업가 제임스 디어링James Deering이 유럽의 궁궐에 영감을 받아 지은 르네상스 건축 양식의 오래된 건물이며 정원과 바다에 설치해 놓은 방파제와 정자는 주변 환경과 잘 어우러져서 아름답다.

마이애미의 역사적인 건축과 분위기와는 사뭇 다른 현대건축을 볼 수 있는 곳이 있다. 마이애미 디자인 디스트릭트Miami Design District에 있는 셀린느Celine Miami Design District Store는 스위스 건축가 발레리오 올지아티Valerio Olgiati 특유의 공간이다. 강한 기하학적 공간 구성과 노출 콘크리트 건축 재료로 기존의 건축공간과는 사뭇 다른 분위기를 형성한다. 스위스 건축가와 미국 남부의 도시라니, 환경과 맥락이 조금 안 어울리는 듯하지만 내부 공간을 보면 그만의 진지한 건축공간에 대한 고민이 느껴질 것이다.

마이애미를 떠나 광활한 바다를 달려볼 수 있는 곳, 그 여행의 끝은 키 웨스트Key West이다. 자유로운 영혼이라면 꼭 이곳을 달려봐야 한다. 헤밍웨이가 되어보자. 바다 속으로 빠져들어 가는 듯한 느낌을 한동안 잊을 수 없을 것이다. 상상 그 이상의 자연을 가로지르는 인공물이다. LA에서 라스베이거스로 가는 사막 위의 직선도로와 비슷하면서도 다른 묘한 공감의 데자뷔를 느껴볼 수 있다.

밴쿠버(Vancouver), 브리티시 컬럼비아(British Columbia)
리버럴(Liberal) 캐나다

스탠리 공원(Stanley Park), 토템 폴(Totem Poles)

북미 도시 중 제일 자유로운 도시 중 하나로 알려져 있는 밴쿠버Vancouver는 사회제도가 보수적이고 주변 사람들의 자연감시가 강한 한국과는 매우 다른 도시이지만 자유로움과 함께 그에 대한 책임이 강조되는 곳이기도 하다. 최근 속속 완공되는 현대건축도 최첨단이며 매우 진보적이다. 밴쿠버를 한마디로 요약하면 청정지역의 원초적 자유로움 속의 최첨단 현대건축의 도시라고 할 수 있다. 뛰어난 자연환경과 날씨 덕분에 도시는 항상 깨끗하다. 간혹 무서울 정도로 자연의 강력한 힘이 나타나기도 한다. 그래서인지 맹목적일 정도로 자연에 의지하며 존중하는 원시적 상징물도 보인다.

밴쿠버의 첫 번째 관심거리는 최근 세워지는 최첨단의 현대건축이다. 덴마크 건축가 BIGBjarke Ingels Group의 밴쿠버 하우스Vancouver House, 헨리케 파트너스 건축Henriquez Partners Architects이 설계한 1575W Georgia St.의 오피스, 애플이 임대 예정이라는 오에스오/메릭 건축OSO/Merrick Architecture이 설계한 400W Georgia St.의 건축, 아르노 마티스 건축Arno Matis Architecture의 Aperture 등이 대표적이다. 그 중 고층 건물을 파라메트릭 디자인으로 단위 유닛의 변화를 주어 쌓아 올린 BIG의 밴쿠버 하우스는 뉴욕 플랫아이언 빌딩Flatiron Building이나 스웨덴 말뫼의 터닝 토르소Turning Torso의 진화된 버전이 아닐까 싶다. 이런 모습은 밴쿠버가 오래된 변방의 도시가 아니라 최신의 문화와 변화를 적극적으로 받아들여 지속적으로 진화하는 도시라는 증거이다. 밴쿠버는 적어도 건축분야에서는 앞으로 나아가는 중이고 건강하고 활기찬 도시임에 틀림없다.

이러한 자유로운 현대건축과는 다르게 밴쿠버에서 가장 유명한 장소는 스탠리 공원Stanley Park 내 토템 폴Totem Poles이다. 많은 방문객이 도시 내 랜드마크도 아니고 현대건축도 아닌 곳을 제일 먼저 찾는다는 것은 그만큼 토템 폴의 상징이 크다는 것이다. 공원 내 9개의 토템 폴은 밴쿠버의 인생 사진을 찍을 정도로 유명한 장소이므로 그와 관련된 도시의 역사도 들여다보면 더 좋을 것이다. 다양한 형태와 조각들은 그만큼 폭넓은 원주민의 상상력과 자연과의 교감을 시각적으로 보여준다. 우리나라의 마을 입구 솟대나 장승과도 유사하다. 이와 함께 밴쿠버의 역사를 살펴볼 수 있는 곳이 한 군데 더 있다. 밴쿠버 시내에 가면 아직도 옛 모습 그대로 간직하고 있는 가스타운 스팀 클

UBC 롭슨 광장(The University of British Columbia Robson Square)

락Gastown Steam Clock을 볼 수 있다. 시계뿐만 아니라 주변의 고색창연한 건축과 가게들을 둘러보는 것으로 즐거움은 충분하다.

도시의 오래된 상징적 장소에 이어 구도심의 중요한 공공공간이 UBC 롭슨 광장The University of British Columbia(UBC) Robson Square이다. UBC 메인 캠퍼스는 시내에서 멀리 떨어져 바닷가 쪽에 있다. 학교가 도심과 멀다보니 도심 쪽에 별도로 시민을 위한 공간을 제공한다. 구도심이라 공간이 부족하니 자연스럽게 지하공간을 개발하고 구도심의 지상공간과 새로운 지하공간을 자연스럽게 연결하면서 광장을 형성하였다. 대지의 수직 레벨 차이를 대형 계단을 이용하여 시민들의 휴식과 여유 공간을 만들었다. 도심의 공공공간에 대학교라는 문화 교육 콘텐츠를 제공하니 일석이조다. 도심 속 입체 공간은 시민에게 복합 공간과 다양한 경험과 함께 복잡한 도심의 동선 조정이 가능하다. 외부인과 대학교가 상생한다는 것은 말로만 되는 것이 아니라 시민에 배타적인 대학교가 아닌 공간과 시간을 서로에게 나누는 것이리라.

Chapter 02

다양성의 유럽 도시

대부분의 디테일은 처음부터 고려되는 것이 아니라 형태를 만들고 나서 2차원적 면을 채우는 방식이거나 조금 더 발전된다고 해서 음각을 만들고 채워넣는 방식 아니면 양각으로 덧붙이는 방식이다. 무어 양식의 디테일은 2차원의 단계를 넘어선다. 디테일 자체가 패턴화되면서 증식되어 공간을 만들고 형태를 만들고 구조를 해결한다. 마치 디테일이 살아 움직이면서 원하는 대로 공간을 구성하는 듯하다.

- 바르셀로나(Barcelona)
  디테일(Detail)이 전부다
- 그라나다(Granada)
  무어(Moore)양식의 디테일
- 마드리드(Madrid)
  스케일(Scale)에 대한 모든 것
- 오슬로(Oslo)
  빙하의 형상화
- 헬싱키(Helsinki)
  현대판 움막교회

바르셀로나(Barcelona), 스페인(Spain)

디테일(Detail)이 전부다

디아고날 마르 공원(Park Diagonal Mar)_엔릭 미라예스(Enric Miralles)

구엘 공원(Park Güell)_안토니오 가우디(Antonio Gaudi)

안토니오 가우디Antonio Gaudi부터 엔릭 미라예스Enric Miralles and Benedetta Tagliabue(EMBT), RCRRafael Aranda, Carme Pigem and Ramon Vilalta Arquitectes까지 스페인은 건축 분야의 최강자다. 전 세계 어떤 나라도 이렇게 창의적인 디자인을 하는 건축가들은 없다. 그러나 이들은 스페인이라기보다 카탈루냐 디자인Catalunya Design이라고 하는 것이 맞는 것이 아닐까 싶을 정도로 바르셀로나 지역의 디자인 특성을 보인다.

바르셀로나Barcelona를 대표하는 건축가는 안토니오 가우디Antonio Gaudi이다. 그의 작품 중 구엘 공원Park Güell은 자연과의 유기적 관계와 형태를 표현한 가장 뛰어난 건축 작품이다. 아침 일찍 공원에 가서 시원한 바람을 맞으면서 가우디의 공간을 체험하는 것은 무더운 바르셀로나에서 단비와도 같은 시간이 된다. 꽃과 나무를 보면서 공원을 거닐다 보면 어느새 건축을 보면서 건물 내부에 들어와 있고 옥상에서는 도시의 전망을 보게 된다. 자연과 인공, 외부와 내부의 자연스러운 연결, 이 어려운 유기적인 연결을 가우디는 디자인으로 잘 풀어냈다.

바르셀로나를 가면 도심 중심거리인 람블라스 거리에서 조금 떨어진 이카리아와 후안 미로 거리가 만나는 곳에 현대건축가 엔릭 미라예스가 설계한 조형물 파세오 이카리아 루핑Paseo Icaria Roofing이 있다. 이 조형물은 도로 중앙에 두개의 블록에 연달아 다양한 형태로 변주되면서 서 있다. 인공 가로수 같기도 하고 때로는 햇빛 가리는 차양막 같기도 한 건축가 특유의 디자인 요소인 예각의 구부러짐을 절묘하게 이어서 가로수들 사이에 놓여 있다. 그리고 그 사이에 의자들이 있어 주변 사람들이 편한 복장으로 신문하나 들고 나와 햇빛도 즐기고 휴식도 취하고 있다. 이곳은 자동차도로의 중앙 부분 절반을 시민의 공간으로 내어주고 중심공간에 가로수와 벤치만 놓은 것이 아니라 건축가의 손을 빌려 휴식의 공간과 더불어 도시의 경관까지 제공한다.

바르셀로나에서 북쪽으로 가면 히로나Girona가 나오고 조금 더 가면 올롯Olot이라는 작은 도시가 나온다. 이곳을 중심으로 토솔바질육상경기장Tossols Basil Athletics Stadium, 레스콜스 레스토랑Les Cols Restaurant, 벨록 와이너리Bell-Loc Winery 등 다양한 건축 활동을 하는 건축가 그룹이 RCR Arquitectes이다. 자연과의 관계를 중심에 두고 설계를 하는데 가우디나 엔릭 미라예스처럼 자연에서 빌려온 유기적 형태가 아니라 주로 코르텐 강이라는 건축 재료를 이용하여 단순한 형태의 조각난 단위를 만들고 반복하여 사용하면서 형태와 공간을 만들어 낸다. 겉으로 보기에는 기존의 카탈루냐 디자인과는 완전히 다른 것처럼 보이지만 그 속에 흐르는 디자인 철학은 동일하다. 시각적인 결과물도 중요하지만 그보다 중요한 것은 그 속 안에 담긴 생각이다.

그라나다(Granada), 스페인(Spain)

무어(Moore)양식의 디테일

지그재깅 퍼골라 피어 원(Zigzagging Pergola Pier One)
_제로니모 준케라(Jerónimo Junquera)

알함브라 궁전(Alhambra Palace)

스페인 서남부는 아랍의 침략 역사로 인한 이 지방만의 독특한 양식이 만들어졌다. 무어양식은 스페인의 전통에 아랍식의 기하학적 패턴과 절묘하게 엮여있다. 건축적 디테일하면 남부럽지 않은 서유럽의 고딕성당이나 로코코 성당도, 심지어 한국의 사찰에서 디테일을 책임지는 가구식 구조와 단청도 나름 대단하다. 그러나 대부분의 디테일은 처음부터 고려되는 것이 아니라 형태를 만들고 나서 2차원적 면을 채우는 방식이거나 조금 더 발전한다고 해도 음각을 만들고 채워 넣는 방식 아니면 양각으로 덧붙이는 방식이다.

그에 비하면 무어 양식의 디테일은 일반적인 2차원의 단계를 넘어선다. 디테일 자체가 패턴화되면서 증식되어 공간을 만들고 형태를 만들고 구조를 해결한다. 마치 디테일이 살아 움직이면서 원하는 대로 공간을 구성하는 듯하다. 이 양식을 볼 수 있는 대표적인 장소가 알함브라 궁전Alhambra Palace이다. 궁전 내부 공간 천장의 기하학 패턴은 2

차원이 아니라 3차원으로 마치 벌집과도 같은 입체적 구성이다. 특히 천장 네 귀퉁이에서 시작하여 아치 중심까지 연결되는 디테일은 한군데만 잘못 시공해도 전체를 폐기해야 할 정도로 하나의 덩어리로 완성된다. 처음 접하면 이해가 안 되고 마치 환상이나 상상이라고 느껴질 수 있다. 그만큼 현실적이지 않다. 장인정신의 극치라는 말 한마디로 정리가 되지 않는 위대함이 작은 디테일에 숨어 있다.

스페인 남쪽 도시 말라가Malaga에는 건축가 제로니모 준케라Jerónimo Junquera가 설계한 태양빛을 조절하는 루버로 만들어진 지그재깅 퍼골라 피어 원Zigzagging Pergola Pier One을 만날 수 있다. 놀라운 팜글로브El Palmeral de las Sorpresas라는 애칭처럼 뜨거운 스페인 남부 해변의 햇살 아래 눈부시게 펼쳐진다. 해변이 좋은 건 누구나 안다. 하지만 햇빛이 부담스럽다. 파란 바다와 푸른 하늘 아래 흰색의 야자수 이미지를 빌려 온 퍼골라Pergola는 기능적으로 형태적으로 감각적으로 미학적으로 모든 이에게 기쁨을 준다. 단순한 흰색의 막대기처럼 보이는 루버는 어떻게 조합하고 변형하느냐에 따라 상상 이상으로 다양한 변주를 통해서 형태화되고 놀라운 공간을 만든다.

이탈리아의 오페라 작곡가 피에트로 마스카니Pietro Mascagni의 1막짜리 카발레리아 루스티카나Cavalleria Rusticana(시골 기사도) 속 인터메조Intermezzo와 합창곡인 '오렌지 향기는 바람에 날리고'라는 음악을 들을 때마다 오페라 배경인 시칠리아 섬과 무관한 안달루시아가 떠오르게 되는 데는 가로수가 오렌지나무라는 강렬한 도시의 인상과 함께 도시 특유의 건축에서 흘러나오는 역사적 분위기가 큰 역할을 하지 않나 싶다.

마드리드(Madrid), 스페인(Spain)
스케일(Scale)에 대한 모든 것

마드리드 근교 풍경

마드리드의 도심 한쪽의 거대한 녹지 속에 박물관들이 모여 있는 곳이 소위 마드리드 미술 골든 트라이앵글Golden Triangle이다. 티센 보르네미서 박물관Museo Thyssen-Bornemisza에서 시작해서 프라도 박물관Museo Nacional del Prado에는 디에고 벨라스케스Diego Velázquez 최고의 작품인 시녀들Las Meninas이 전시되어 있다. 헤르조그와 드뮈롱Herzog & de Meuron의 카이샤 포룸Caixa Forum Madrid을 거쳐 도달한 소피아 미술관Museo Nacional Centro de Arte Reina Sofia에서는 피카소의 게르니카Guernica를 감상할 수 있다. 마드리드 모든 박물관은 서양 역사의 한 획을 긋는 건축물과 미술작품들로 가득 채워져 있어 다니는 곳마다 보는 즐거움을 멈출 수 없다. 전 세계적으로 미술관이 모여서 하나의 종합 문화 공간이나 공원을 형성하는 경우는 많지 않다. 미국 텍사스 주 포트워스Fort Worth의 컬쳐럴 디스트릭트Cultural District 내 아몬 카터 뮤지엄Amon Carter Museum of American Art, 킴벨 미술관Kimbell Art Museum, 포트워스 근대미술관Modern Art Museum of Fort Worth 정도이다.

마드리드 미술관 관람의 마지막은 소피아 미술관이다. 원래 18세기 마드리드 최초의 병원에서 시작한 소피아 미술관은 2005년 장 누벨Jean Nouvel이 증축하여 현재의 미술관이 되었다. 미술관 정면의 광장에는 기존의 건축물이 있고 뒤쪽에는 새로 증축한 현대건축이 위치하는데 건물의 뒤쪽 입구 중정Atrium의 규모가 엄청나다. 이곳은 너무나 거대해서 스케일로 측정이 불가능한 공간처럼 느껴진다. 특히 스케일의 기준이 되는 사람들이 있을 때 보이드 공간은 더욱더 크게 다가온다. 외부에서는 노출되지 않은 거대한 공간이 미술관 건물 사이에 마치 가벼운 풍선처럼 꽉 차 있어 비어진 공간의 존재를 깊이로 말하고 있다.

톨레도(Toledo) 도시 풍경

마드리드에서 가까운 톨레도Toledo는 예전의 수도였던 상태 그대로 남아있다. 마치 중세시대의 시간이 그대로 멈춘듯하다. 톨레도 대성당에서부터 엘 그레코 집과 박물관Casa y Museo El Greco까지 골목을 돌면 새로운 골목이 끝없이 물고 물리는 미로와도 같은 곳이다. 그렇게 골목을 헤매고 길을 잃으면서 보이는 수많은 것 중에 눈에 띄는 것은 유명한 건축물보다는 일상의 집들의 단면이다. 맞벽 구조로 시간에 따라 연결되고 확장되고 철거되면서 생긴 단면들. 건축의 단면은 장소의 고고학적 지층이다. 진짜 여행은 길을 잃으면서 시작된다는 말을 실감한다. 골목을 헤매는 동안 가끔씩 나타나는 코르텐강으로 만든 건축 외장과 조경 마감과 현대적 감각의 광장이 오래된 도시에 생기를 불러일으킨다.

오슬로(Oslo), 노르웨이(Norway)

빙하의 형상화

오슬로 오페라하우스(Oslo Opera House)_스노헤타(Snøhetta)

덴마크 코펜하겐Copenhagen에서 스웨덴 말뫼Malmo, 노르웨이 오슬로Oslo와 베르겐Bergen, 스웨덴의 스톡홀름Stockholm, 핀란드 헬싱키Helsinki로 가는 북유럽 여행은 지리적으로 광활하고 각 도시가 멀리 떨어져 있어 비행기, 철도, 선박 등 여러 가지 교통수단을 이용하여 여행하게 된다. 겨울의 오슬로에서 베르겐의 기차여행은 그야말로 환상적인 피요르드와 오로라를 선물한다. 또한 스톡홀름에서 헬싱키 간의 크루즈는 바다의 새로운 경험을 선사한다. 북유럽은 추운 나라라 건축도 박공의 단순해 보이는 형태지만 그 안에 사는 사람들의 경쾌함은 내부공간에서 잘 드러난다. 그중 오슬로의 현대건축은 자연과 기후와 삶의 양식이 적절하게 조화된 듯 느껴진다.

오슬로 역에서 보면 순간적으로 건너편 흰색의 빙하가 보인다. 자세히 보면 흰색도 빙하도 아니다. 빙하 같은 느낌은 그 위에 깔린

오슬로 오페라하우스(Oslo Opera House) 내부공간_스노헤타(Snøhetta)

듯 놓여있는 유리와 대리석 상자이다. 그리고 그 위에 무언가 움직이는 것이 보인다. 스노헤타Snøhetta의 오슬로 오페라하우스Oslo Opera House이다. 건축물이 형태나 분위기로 인지되지 않고 뭔가 신선하게 다가오는 것이 있다. 건축물이 대지에 잘 안착되어 수천 년 동안 그 자리에 있던 것처럼 보인다. 가까이 가보니 경사로Ramp를 이용하여 내, 외부를 제대로 연결하여 사용자의 다양한 외부 활동을 제공하는 공간으로 만들었다. 백색 대리석 외부 경사로는 외부 공간을 기울어진 광장으로 만들었고, 단순한 형태는 강렬한 형태에 힘이 실린 듯 보인다. 내부는 목재와 패턴을 이용하여 외부와는 전혀 다른 공간을 펼친다.

오슬로 시내에서 오슬로 시청 옆에 있는 노벨 평화 센터Nobel Peace Center에 들어가면 눈이 휘둥그레진다. 외부는 현대건축도 아닌 전통적인 주변과 유사한 건물인데 내부 공간은 전혀 예상하지 못한 빨간색을 전체 공간에 사용했다. 외부에서는 전혀 인지할 수 없는 색감이다. 외부는 석재를 이용한 일반적인 건축물인데 내부는 파격 그 자체다. 아프리카 가나계 영국 건축가 데이비드 아디아예David Adjaye의 감각은 탁월하다. 보수적인 듯 일상적이며 자연스럽게 보이는데 그 안에 숨겨진 파격. 이런 것이 북유럽만의 디자인이다. 숨겨져 있는 모든 것이 진리가 아니듯이 노출되어있는 것도 전부 가짜는 아닐 것이다.

헬싱키(Helsinki), 핀란드(Finland)

현대판 움막교회

현대미술관(Museum of Contemporary Art: Kiasma)
_스티븐 홀(Steven Holl)

헬싱키는 북유럽에서도 독자적인 디자인으로 유명하다. 무민Moomin은 제주도에도 무민랜드가 있을 정도로 누구나 다 아는 캐릭터이다. 마리 메코Mari Mekko, 이딸라Iittala도 유명하다. 근대건축의 대가 중 알바 알토는 근대건축의 합리성과 산업화의 문제점을 미리 간파하고 자연친화적인 공간, 건축 재료, 유려한 곡선의 건축을 선보이며 높은 수준의 건축을 완성하였다. 헬싱키와 주변 도시는 이러한 디자인의 보고이다.

헬싱키 시내에서는 알바 알토Alvar Aalto의 핀란디아 콘서트홀Finlandia Concert Hall & Congress Hall, 스티븐 홀Steven Holl의 현대미술관Museum of Contemporary Art(Kiasma)도 중요한 건축물이지만, 티모 앤 투오모 수오마라이넨Timo and Tuomo Suomalainen 형제의 암석의 교회The Church of the Rock라고 불리는 템펠리아우키오 교회Temppeliaukion Church야말로 핀란드 건축의 정수를 보여준다. 빛과 노출 콘크리트를 이용한 세련된 현대건축 어휘보다 굴처럼 판 자연의 흔적이 그대로 노출된 상태에서 루버를 이용하여 형태를 만들고 빛을 들여 자연스러우면서도 세련된 공간을 만들어 냈다. 교회라는 공간적 특성이 암석이라는 자연과 만나서 자연스러운 초기교회를 연상하게 하며 종교 공간의 본질을 구현해 내려는 노력의 결과가 만들어졌다.

시내를 조금 벗어나서 시벨리우스의 바이올린 협주곡이 들려오는 듯한 착각 속에 시벨리우스 공원 안의 엘라 힐투넨Eila Hiltunen의 시벨리우스 기념비Sibelius Monument 앞에 섰다. 1960년대에 600여 개의 스틸 파이프를 이용하여 파도와 같은 형상을 만들어 낸 것이 놀랍다. 멀리서 보는 것보다 가까이에서 파이프의 내부를 통해 내뿜는 빛이 더 큰 이야기를 하는 듯하다. 마치 작곡가가 음표를 이용하여 조합을 만들고 그 결과가 음악이듯이 건축도 단위 유닛Unit이 모여 건축물이 된다는 것, 이곳에서 분야를 가로지르는 복잡계이론의 은유가 공명됨을 느낀다.

Chapter 03

구조주의와 위상학

단순한 매스로부터 시작하여 자연요소와 법적인 제약 안에서 사용자를 고려한 해결 결과를 명쾌한 기하학적 형태로 시각화하였다. 구조주의의 위상학적 방법을 이용하여 새로운 공간 구성과 형태를 구현하는 방식에 단위 유닛과 변수를 이용하는 파라메트릭 디자인을 이용하여 새롭게 풀어나간다.

- 위트레흐트(Utrecht)
  구조주의 현대건축의 전형이 되다
- 델프트(Delft)
  매스(Mass)의 힘
- 코펜하겐(Copenhagen)
  합리적 논리(Logic)로 풀어가는 설계

위트레흐트(Utrecht), 네덜란드(The Netherlands)
구조주의 현대건축의 전형이 되다

네덜란드 현대건축, 위트레흐트(Utrecht) 대학 내부공간

위트레흐트(Utrecht) 대학
_뉴텔링스 리다이크 아키텍츠(Neutelings Riedijk Architects)

네덜란드는 제2차 세계대전으로 도시가 완전히 폐허가 된 곳을 중심으로 현대건축의 도시로 새롭게 탈바꿈하였다. 경제와 역사의 도시 암스테르담Amsterdam, 수도 덴 하그Den Haag(헤이그), 현대건축의 도시 로테르담Rotterdam, 그리고 교육과 문화의 도시 위트레흐트Utrecht, 델프트 블루와 델프트 공대TU Delft로 유명한 델프트Delft 등 크고 작은 도시들은 현대건축으로 가득 차 있다. 그중 구조주의의 위상학을 이용한 공간의 실험을 주로 하는 현대건축이 네덜란드 전체에 만들어졌는데 특히 위트레흐트Utrecht 대학 내 가득하다.

1970년대 이후 현재까지 현대건축을 대표하는 건축가는 OMAThe Office for Metropolitan Architecture의 렘 콜하스Rem Koolhaas라 할 수 있다. 기존 근대건축의 문제점과 새로운 현대사회를 연결하여 구조주의 현대철학과 새로운 사회적 현상을 진지하게 풀어나가는 결과로 나타나는 도시와 건축 프로젝트는 항상 새로운 위상학적 유형을 만들어 낸다. 공간의 새로운 구성방식은 서로 다른 공간을 연결하는 관통Penetration, 접기Folding, 보이드Void 등 다양한데 위트레흐트Utrecht 대학 내 에듀케토리엄Educatorium은 건물의 바닥이 벽과 지붕으로 이어지는 접힘, 즉 폴딩Folding의 개념을 이용하여 다양한 공간과 실들을 만들어 낸다. 접히는 경사로로 인해 하부는 식당으로, 상부는 대형 강의실로 자연스럽게 공간이 분화된다. 단순하지만 명쾌한 위상학적 지적 사고의 결과가 현실의 건축이 되는 세상이 나타났다. 기존의 기둥과 바닥판으로 구성하는 돔이노Domino(기둥-보 방식) 시스템이 건축의 기본적 골격을 만들고 유형화되었다면 현대건축은 기존의 유형을 과감하게 깨려고 시도하였고 그 방법과 사상적 배경은 철학, 사회학, 인류학 등 다른 분야의 시대적 흐름을 같이 공유한 결과이다.

네덜란드를 대표하는 건축가 그룹인 MVRDVWiny Maas, Jacob van Rijs, Nathalie de Vries는 한국에서는 서울로 7017 프로젝트로 잘 알려져 있다. 이들은 프로젝트의 다양한 주변 환경과 제약요소 등 기존의 건축설계 과정에서 크게 주목받지 못했던 그러나 현실적으로는 건축에서 중요하게 고려해야 할 제약 요소들을 자료화하고 데이터 분석을 통해 나온 결과를 적절하게 형태화하는 건축을 만들어 낸다. 그 결과 데이터스케이프Datascape라는 새로운 디자인 방법론을 구축하였다. 시티스케이프Cityscape, 스트리트스케이프Streetscape, 나이트스케이프Nightscape 등 새로운 스케이프가 지속적으로 나오는 현대사회와 도시는 마치 현대미술의 폭이 넓어지듯이 가히 폭발적이다. 암스테르담의 노인 전용 아파트 워조코WoZoKo는 법규와 세대수의 불일치를 해결하는 방법으로 일부 세대를 지상에서 띄우고 구조는 캔틸레버Cantilever를 이용하였다.

델프트(Delft), 네덜란드(The Netherlands)
매스(Mass)의 힘

델프트 기차역(Delft Railway Station)의 안개

델프트 공대(TU Delft) 도서관_메카누(Mecanoo)

델프트Delft를 근거지로 하는 메카누Mecanoo 건축사무소를 단번에 유명하게 만든 건축 프로젝트는 델프트 공대TU Delft 도서관이다. 도서관은 주변의 건축물과는 대조적인 대지건축Landscape Architecture으로 지상에서부터 걸어서 옥상 잔디밭에서 쉬거나 산책을 할 수 있다. 도서관 내부는 원뿔을 중심으로 아트리움이 되고 도서관의 기본적인 기능인 서고는 주변으로 물러나서 아트리움 전체가 서고가 된다. 옥상 중심에는 원뿔이 도서관 공간을 관통하여 외부에서는 랜드마크로, 내부에서는 채광을 위한 공간으로 이용할 수 있다. 단순하면서 기능적이고 합리적이면서 명쾌한 매스와 형태의 도서관은 전형적인 네덜란드 디자인이다. 도서관 바로 옆 대학본부는 거대한 기하학적 형태의 콘크리트 건축으로 이 또한 브루털리즘Brutalism의 전형이다.

네덜란드 건축가 뉴텔링스 리다이크 아키텍츠Neutelings Riedijk Architects는 벨기에 루뱅Leuven에 있는 오래된 건물을 예술 센터로 개조하여 쿤스텐센트룸 스툭Kunstencentrum STUK: STUdenten Centrum을 만들었다. 이들은 주로 적벽돌을 이용하는데 전체적인 디자인은 단순한 기하학을 이용한 매스의 힘이 느껴진다. 스툭STUK은 건물 벽을 이용하여 공연이나 영화상영을 하고 중정과 건물을 잇는 계단에서 학생들과 시민들이 감상하는 외부공간과 건축의 연속성을 프로그램으로까지 확장하는 새로운 건축의 유형을 만들어 낸다.

현대건축의 디자인 특징은 구조주의적 관계에 대한 사고를 다이어그램Diagram이라는 추상기계를 이용하여 시각화하고 그 특징을 잘 드러나는 형태로 치환하는 것이다. 대표적인 건축가가 유엔 스튜디오UN Studio: United Network Studio이다. 프로젝트 과정은 사회적 지리적 조건 등 주변의 맥락에서 다양한 데이터를 모으고 다이어그램을 형성한 후 분석결과를 보여주는 과학적, 사회적 원리를 차용하여 형태화한다. 건축 형태화에 사용한 원리로는 독일의 벤츠 뮤지엄Mercedes Benz Museum의 경우 트레포일Trefoil, 뫼비우스 하우스Möbius House는 뫼비우스의 띠 등이다. 라데팡스 오피스La Defence Office에서는 외부 중정부분의 건축 입면이 햇빛이라는 주변 환경과 반응하여 지속적으로 변화한다.

코펜하겐(Copenhagen), 덴마크(Denmark)

합리적 논리(Logic)로 풀어가는 설계

코펜하겐 대학교(The University of Copenhagen), 티에트겐(Tietgen Hall of Residence)_룬드가르드(Lundgaard)와 트란베르그(Tranberg)

8 House_BIG(Bjarke Ingels Group)

코펜하겐은 지리적으로 유럽에서 북서쪽에 치우쳐 있고 역사상 특별한 주역으로 나선 적이 없어서인지 다른 도시에 비해 접근성과 선호도가 떨어진다. 그러나 최근 네덜란드의 현대건축을 이어서 걸출한 건축가와 건축물들이 등장하면서 급부상했다. 북유럽 디자인의 유행도 한몫 한듯하다. 별명도 블랙 다이아몬드인 국립도서관에서부터 한여름에도 선선한 북유럽의 반짝이는 보석 같은 현대건축이 모여 있다.

현대건축의 새로운 강자인 건축가 BIGBjarke Ingels Group는 코펜하겐을 중심으로 활동하는 건축가이다. 네덜란드 렘 콜하스의 OMA에서 근무한 경력으로 보면 건축의 사회적 이슈를 다이어그램을 이용하여 풀어나가는 것이 유사함을 알 수 있다. 코펜하겐의 신도시에 설계된 8 House는 공동주택의 새로운 해결이라 할 정도로 극찬을 받은 프로젝

코펜하겐 대학교(The University of Copenhagen) 머스크 타워
_CF. Møller Architects

트이다. 단순한 매스로부터 시작하여 자연요소와 법적인 제약 안에서 사용자를 고려한 해결 결과를 명쾌한 기하학적 형태로 시각화하였다. 구조주의의 위상학적 방법을 이용하여 새로운 공간 구성과 형태를 구현하는 방식에 단위 유닛과 변수를 이용하는 파라메트릭 디자인을 이용하여 새롭게 풀어나간다. 공동주택이라는 프로그램이 단위유닛과 변화의 형태라는 파라메트릭과 잘 어울려서 완성도 높은 건축물이 탄생했다.

코펜하겐 대학교The University of Copenhagen, Faculty of Health and Medical Sciences의 머스크 타워The Maersk Tower는 학교 건물로는 꽤 고층건물이며 루버를 적절하게 이용하여 설계되었다. 그런데 뒤쪽의 조경을 보는 순간 탄성이 나온다. 조경 사이로 보이는 보행로 핸드레일을 수직루버를 사용하여 진입로 입구에서부터 끝까지 연결하였다. 루버가 모여서 명료한 경계를 피하면서도 반투명한 곡선을 보여주고 있다. 루버의 재발견이다. 작은 루버 하나는 1차원의 선인 막대기이거나 2차원의 작은 면으로 인식되지만 루버가 반복되면 3차원의 입체가 만들어지고 입체의 형태는 무궁무진하다. 어떻게 증식하고 변화할지 누구도 모를 일이다. 인간이라는 개인의 힘이 미약할지라도 잠재력은 무한하고 개인의 능력을 모두 모은 집단지성의 능력은 무궁무진하게 실현될 수 있음을 이 건축은 입증하고 있다.

Chapter 04

혼종(하이브리드)의 도시

대표적 미술관들이 모여 있는 미술관 모둠 공간이다. 세 미술관은 서로 멀지 않은 곳에 위치해서 서로를 보완하며 종합 미술관 구실을 한다. 아몬 카터 미술관은 미국 작가 작품을, 킴벨 미술관은 정통 유럽 미술품을, 포트워스 현대미술관은 제2차 세계대전 이후의 현대 작품을 소장한다. 뉴욕시의 미술관들과 비교한다면 아몬 카터 미술관은 휘트니 미술관, 킴벨 미술관은 프릭 컬렉션, 포트워스 현대미술관은 뉴욕현대미술관(MoMA)이라고 할 수 있다.

- 시카고(Chicago)
  밀레니엄 시대의 초고층 근대건축
- 포트워스(Fort Worth)
  텍사스 트라이앵글 속 미술관 모둠
- 뉴욕(New York)
  아나바다 & 용광로 건축
- 보스톤(Boston)
  일상이 디자인인 도시
- 나이아가라 폴스(Niagara Falls)
  동부의 경이로운 자연

시카고(Chicago), 일리노이(Illinois)
밀레니엄 시대의 초고층 근대건축

판스워스 하우스(Farnsworth House)
_미스 반 데어 로에(Mies van der Rohe)

밀레니엄 파크(Millennium Park)

도시는 규모와 무관하게 절대적인 가치나 성적처럼 등수로 매길 수 있는 성질의 것이 아니다. 시카고Chicago는 미국에서 도시의 규모 면으로 뉴욕, LA에 이어 세 번째이지만, 어디에도 없는 초고층의 근대 건축, 시카고 재즈, 오대호의 호수가 어우러지는 도시이다. 피자도 시카고 스타일은 두꺼운 도우 위 풍부한 치즈와 토핑 재료가 남다른 독자적인 스타일을 자랑한다.

밀레니엄 파크Millennium Park는 2000년 밀레니엄 시대를 맞이하는 기념으로 시카고 도심에 조성한 공원이다. 엄청난 규모의 녹지 공간에 다양한 공공 예술인 비디오 디스플레이를 이용한 크라운 분수대Crown Fountain, 아니쉬 카푸어Anish Kapoor의 반사형 클라우드 게이트Cloud Gate, 야외극장인 프리츠커 파빌리온Jay Pritzker Pavilion을 갖추고 있다.

특히 1만 명 이상을 수용하는 프랑크 게리Frank Gehry가 설계한 야외극장은 매년 여름에 10주간 클래식 음악 공연인 그랜트 공원 음악 축제Grant Park Music Festival가 열린다. 밀레니엄 파크 옆에는 대표적인 미술 교육과 전시공간인 시카고 미술관The Art Institute of Chicago이 자리하고 있다. 유럽과 미국의 작품을 중심으로 고대로부터 현대에 이르는 각 지역과 시대의 미술품을 소장하고 있다. 유럽의 모네나 르누아르, 쇠라 등의 프랑스 인상주의 미술품을 중심으로 주변의 유럽 근대회화가 유명하다. 쇠라의 대표작인 그랑드 자트 섬의 일요일 오후Un dimanche après-midi à l'Île de la Grande Jatte 앞에 서면 그 규모와 붓의 정밀함과 섬세함에 놀란다. 이곳은 뉴욕의 메트로폴리탄 미술관, 보스턴의 보스턴 미술관과 함께 미국의 3대 미술관 중 하나이다.

일리노이 공과대학 크라운 홀S. R. Crown Hall, College of Architecture, Illinois Institute of Technology(IIT)은 독일 건축가 미스 반 데어 로에Mies van der Rohe가 미국 시카고에 정착하고 건축교육을 담당한 IIT(일리노이 공과대학) 캠퍼스 내 건축 작품이다. 근대 건축의 주 건축 재료인 철과 유리를 이용하여 저층의 투명한 공간을 펼쳐놓는다. 미스 반 데어 로에의 다른 주택과 공간적, 건축적으로 유사한 특성이 나타난다.

근대 건축의 대표 건축가인 미스 반 데어 로에가 설계한 것으로 유명한 IIT에는 그와는 정반대의 성향인 현대건축의 거장 렘 콜하스Rem Koolhaas가 설계한 건축 일리노이 공과대학 학생 서비스 센터IIT One Stop Student Service Center가 있다. 이곳은 학생들에게 효율적으로 모든 서비스를 제공하기 위해 만들어진 공간이다. 지상으로 지나가는 트램 터널을 수용하기 위해 건물의 천장을 구부려서 설계했다. 건물 전체에 건축 재료의 질감, 다양한 색상의 입면은 현대건축의 전형이라고 할 수 있다. 건물은 현대건축의 독특한 개념들로 넘치지만 전체적인 효과는 조화를 이룬다.

판스워스 하우스Farnsworth House는 미스 반 데어 로에의 대표 주택이다. 미국 건축가 필립 존슨Philip Johnson의 뉴욕 근처에 있는 글래스 하우스Glass House와 쌍벽을 이룬다. 철과 유리를 이용한 근대 건축의 전형적인 작품이다. 중앙의 화장실 등 코어 부분만 제외하고 모든 부분은 유리로 되어 있어 내부가 외부로 완전히 노출된 상태로 사용자가 생활하기 매우 힘들다는 후문이 있다. 건축 개념과 현실적 기능 사이의 고민이 명확하게 나타난다. 투명성, 단순한 기하학적 형태, 산업재료, 단순화, 표준화 등 근대 건축의 대표 건축 어휘가 모두 망라되어 있다.

로비 하우스Frederick C. Robie House는 시카고 남쪽 시카고 대학 병원 근처에 위치한다. 프랑크 로이드 라이트Frank Lloyd Wright가 1910년에 프레데릭 로비Frederic C. Robie를 위하여 설계한 주택이다. 미국 주택의 대초원 양식Prairie Style의 전형을 보여준다. 지붕의 처마가 길게 뻗어 나오고 여러 부위의 처마가 겹쳐지면서 다양한 공간을 만들어 낸다. 지붕이 거의 나타나지 않는 기존의 서양 주택과는 사뭇 다르다.

포트워스(Fort Worth), 텍사스(Texas)

텍사스 트라이앵글 속 미술관 모듬

킴벨 미술관(Kimbell Art Museum)_루이스 칸(Louis Kahn)

댈러스는 미국 남동부 텍사스 주의 북동부에 위치한 도시이다. 댈러스-포트워스Dallas-Fort Worth는 댈러스, 포트워스, 알링턴 등으로 이루어진 쌍둥이 도시이자 대도시권이다. 텍사스 주에서 세 번째로 큰 도시이며, 미국 남동부 지역에 속한다. 일부러라도 이곳을 방문하여야 하는 이유는 세계 최고의 건축가들에 의해 설계된 미술관들의 집합소이기 때문이다. 1960년대부터 2000년대까지 근대건축에서 현대건축의 미술관까지 미술관 건축의 변화 과정과 특징들을 한자리에서 보고 느낄 수 있는 몇 안 되는 귀한 장소이다.

포트워스Fort Worth의 컬처럴 디스트릭트Cultural District는 건축적으로 중요한 아몬 카터 뮤지엄Amon Carter Museum of American Art, 킴벨 미술관Kimbell Art Museum, 포트워스 근대미술관Modern Art Museum of Fort Worth 등 대표적인 미술관들이 모여 있는 미술관 모듬 공간이다. 세 미술관은 서로 멀지 않은 곳에 위치해서 서로를 보완하며 종합 미술관 구실을 한다. 아몬 카터 미술관은 미국 작가 작품을, 킴벨 미술관은 정통 유럽 미술품을, 포트워스 현대미술관은 제2차 세계대전 이후의 현대 작품을 소장한다. 뉴욕시의 미술관들과 비교한다면 아몬 카터 미술관은 휘트니 미술관, 킴벨 미술관은 프릭 컬렉션, 포트워스 현대미술관은 뉴욕현대미술관MoMA이라고 할 수 있다. 텍사스라는 지리적으로 외딴곳에 루브르 박물관Louvre과 같은 미술관의 명성을 가져다준 곳이 바로 이곳이다.

1961년 개관한 아몬 카터 뮤지엄Amon Carter Museum of American Art은 미국의 근대 건축을 대표하는 필립 존슨Philip Johnson의 건축 작품이다. 소장품은 프레드릭 레밍턴Frederic Remington, 찰스 러셀Charles M. Russell 컬렉션, 조지아 오키프Georgia O'Keeffe, 그랜트 우드Grant Wood를 비롯한 미국 미술 컬렉션이 유명하다. 미술관 내, 외부 모든 곳에서 조개 모양의 음각이 새겨진 최고급 대리석인 트레버틴Travertine을 원없이 볼 수 있는 곳이다.

킴벨 미술관Kimbell Art Museum은 근대 건축의 대가 루이스 칸Louis Kahn이 설계한 세계 최고의 미술관이다. 첫 번째 건축은 1972년 완성됐고 이후 2013년 렌조 피아노Renzo Piano에 의해 기존 미술관의 서쪽에 새로운 파빌리온을 확장했다. 볼트 형태의 근대 건축 미술관과 40년의 차이를 두고 유리와 나무로 구성된 가볍고 단순한 파빌리온은 기존의 미술관을 존중하고 배려하면서 세련된 현대건축의 자태를 보여준다. 작품 수보다는 소장품의 품격을 중요시하여 미술 작품 중 350여 점만 소장한다. 미켈란젤로Michelangelo의 성 안토니오의 고통The Torment of Saint Anthony과 카라바조Caravaggio의 카드 사기꾼The Cardsharps을 직접 살펴볼 수 있다.

포트워스 근대미술관Modern Art Museum of Fort Worth은 일본 건축가 안도 다다오Ando Tadao가 설계한 건물로, 거대한 규모의 미술관 자체가 마치 조각품 같다. 내부 전시실은 물론 건물의 외형과 정원 모두 노출 콘크리트와 유리를 이용한 현대적 감각의 초현대식 건축물이다. 이 미술관은 건물을 에워싼 연못으로 인해 미술관이 물속에서 솟아오른 것처럼 보이며 가까이 다가가면 발아래에서 물이 살짝 출렁이는 듯한 현상학적 지각을 그려낸다. 미술관 정면 왼쪽에는 리처드 세라

Richard Serra의 와류, 소용돌이를 뜻하는 Vortex라는 초대형 철 조각품이 우뚝 솟아 있다. 전시공간에서는 로버트 머더웰Robert Motherwell, 필립 거스톤Phillip Guston 등 추상표현주의Abstract Expressionism 거장들의 작품도 볼 수 있다.

댈러스 도심의 내셔 조각 센터Nasher Sculpture Center는 댈러스 아트 디스트릭트Dallas Art District에 위치한 현대조각을 주로 전시하는 곳이다. 건너편에 아시아와 아메리카 예술 작품을 전시하는 댈러스 미술관Dallas Museum of Art이 있다. 하나의 공간을 단위 유닛으로 만들고 이를 반복해서 전체 건축의 공간을 완성하는 렌조 피아노Renzo Piano 특유의 단순하지만 세련된 공간을 경험할 수 있다.

포트워스 근대미술관(Modern Art Museum of Fort Worth)
_안도 다다오(Ando Tadao)

뉴욕(New York), 뉴욕(New York)

아나바다 & 용광로 건축

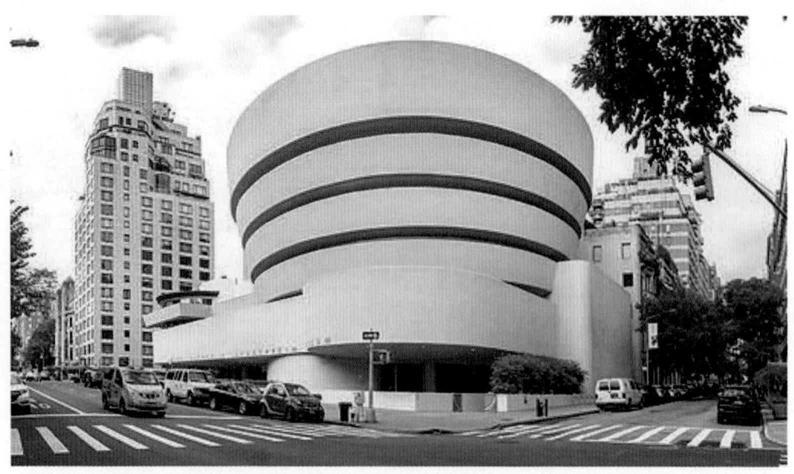

솔로몬 구겐하임 뮤지엄(Solomon R. Guggenheim Museum)
_프랑크 로이드 라이트(Frank Lloyd Wright)

뉴욕New York은 미합중국의 북동부, 뉴욕 주의 남쪽 끝에 있는 도시이다. 전 세계 가장 인구가 많은 도시 중 하나이며, 미합중국의 최대 도시이다. 뉴욕은 상업, 금융, 미디어, 예술, 패션, 연구, 기술, 교육, 엔터테인먼트 등 많은 분야에 걸쳐 큰 영향을 끼치고 있고, 도쿄, 런던과 함께 세계 3대 도시이자 세계의 문화 수도이다. 뉴욕은 맨해튼Manhattan, 브루클린Brooklyn, 퀸스Queens, 브롱크스Bronx, 스태튼 아일랜드Staten Island와 같은 다섯 개의 자치구로 나누어져 있다. 1624년 네덜란드 공화국의 이주민들이 무역항으로 설립하였고, 1626년 네덜란드인들이 뉴 암스테르담New Amsterdam이라는 지명을 붙였다. 1664년에는 영국인들이 강제 점령해 도시와 그 주변 지역을 통치했고, 찰스 2세가 동생 요크 공에게 땅을 주면서 뉴욕이라고 불리기 시작하였다.

브루클린 브리지Brooklyn Bridge는 1883년 설립된 다리로 맨해튼과 네덜란드의 도시 블뢰 컬렌Breukelen의 이름을 따서 지은 브루클린을 연결한다. 독특한 강철 및 석조 디자인의 현수교로 미국에서 가장 오래된 현수교 중 하나이다. 수많은 영화의 배경으로 유명하다. 직접 걸어볼 수 있다.

JFK 국제공항John F. Kennedy International Airport의 터미널 5인 TWA 비행센터Trans World Airlines Flight Center는 에로 사리넨Eero Saarinen이 1962년에 설계한 공항 터미널이다. 4개의 Y자 형태의 구조체로 유지되는 얇은 쉘 지붕Shell Roof의 날개 형태로 구성된다. 내부 공간은 비행기 출발, 도착을 볼 수 있는 개방된 3층 유리 공간이다. 구조의 미학을 통한 대형 공간의 구현이라는 공항 건축의 전형이 되었다.

시그램 빌딩Seagram Building은 단순한 장방형의 건축물로 하부 공간은 개방된 광장이 펼쳐져 있다. 1920년대에 지어진 실험적인 오피스 타워를 모델로 한 시그램 빌딩은 미스 반 데어 로에가 꿈꾼 건축이 현실이 된 결과물이다. 정신착란증의 뉴욕 시내에서 여전히 건축가만의 창조적인 정신을 간직하고 있다고 평가받는다. 단순한 유리와 철의 건축이지만 하부 공간, 입면의 비례 등 상당한 건축적 가치를 담고 있다.

프라다 뉴욕Prada New York Broadway은 세계 각국의 프라다 매장 중 최고로 손꼽히는 곳이다. 현대건축의 대가 렘 콜하스의 작품으로도 유명하며, 시즌마다 시도되는 다양하고 독특한 방법의 디스플레이가 인상적이다. 내부 공간 전체를 하나의 통합된 새로운 다양한 이벤트의

시그램 빌딩(Seagram Building)_미스 반 데어 로에(Mies van der Rohe)

MoMA P.S.1

공간으로 구성된 것이 특징이다.

솔로몬 구겐하임 뮤지엄Solomon R. Guggenheim Museum은 1943년 프랑크 로이드 라이트의 설계를 기반으로 1959년에 준공하였다. 구겐하임 미술관의 백미는 내부 공간 중앙에 위치한 계단이 없는 나선형 구조에 있다. 이 나선형 구조로 관람객들은 걸으면서 작품을 감상할 수 있다. 방문객들은 관람로인 램프Ramp를 따라 내려오면서 작품뿐만 아니라 건축 공간도 감상할 수 있게 된다.

MoMAThe Museum of Modern Art는 맨해튼에 있는 근, 현대 미술에 초점을 맞춘 미술관이다. 세계 최대의 미술관 중 하나로, 파블로 피카소, 잭슨 폴록, 앤디 워홀 작품을 소장하고 있다. 이곳의 전시는 건축, 디자인, 드로잉, 페인팅, 설치, 사진, 출판물, 도록 및 예술 저서, 영화 그리고 게임을 포함한 전자매체 등 근대와 현대미술에 대한 폭넓은 컬렉션을 제공하고 있다. 2002년에 일본 건축가 다니구치 요시오Taniguchi Yoshio의 설계로 대대적인 증·개축이 이루어졌는데 MoMA 증축은 모더니즘과 일본 공간의 특성을 잘 표현해 낸 결과로 보인다. 세계 최대의 도시 한복판에 젠 스타일의 공간이라니 그 의외성에 놀라게 된다.

MoMA P.S.1은 1971년 알라나 하이스가 설립한 P.S.1이 전신이며, 미국 최초의 현대미술 비영리 예술센터이다. 뉴욕 퀸즈에 위치하고 있으며 실험적인 현대미술을 주로 전시한다. 2000년부터 MoMA로 편입되었고, 편입 후에도 MoMA P.S.1은 전시, 예술가의 참여에 대한 독특한 접근 방식을 유지하고자 하며, 일반 대중을 위한 활동적인 이벤트를 기획하기도 한다. P.S.는 공립학교Public School의 약자이다.

렌조 피아노Renzo Piano의 휘트니 미술관Whitney Museum of American Art은 뉴욕에서 다양한 설치 미술을 위한 공간이다. 미술관 전창으로 보이는 뉴욕의 고즈넉한 풍경과 작품이 잘 어우러진다. 다양하게 형성된 외부 옥상에서의 도시 전망으로도 유명하다.

뉴 뮤지엄New Museum은 일본 건축가 그룹인 SANAA에 의해 설계된 미술관으로 여러 개의 매스가 적층 되고 노출 콘크리트와 금속 메쉬Metal Mesh의 독특한 외장으로 눈에 띈다. 이곳은 현대미술에만 집중하는 뉴욕의 유일한 미술관이다. 여러 개의 매스가 이리저리 쌓여있는 듯한 형태만으로도 눈길을 끈다.

뉴 뮤지엄(New Museum)_SANAA

스티븐 홀Steven Holl이 설계한 프랫 인스티튜트Pratt Institute School of Architecture의 히긴스 홀Higgins Hall은 기존의 조적 건물의 중간에 반투명한 공간을 삽입하여 하나로 연결한 증축 건물이다. 북쪽과 남쪽 건물의 바닥판이 서로 달라 중앙에 유리를 이용하여 소위 불협화음의 영역Dissonant Zone을 만들었다.

쿠퍼 유니온Cooper Union은 미국 뉴욕 맨해튼 다운타운인 이스트 빌리지East Village에 위치한 명문 사립대학이다. 1859년에 설립된 쿠퍼 유니언은 건축, 미술, 공학Architecture, Fine arts, Engineering 등 3가지 전공이 개설돼 있다. 해체주의 건축의 거장인 다니엘 리베스킨트Daniel Libeskind가 이곳 출신이다. 41 쿠퍼 스퀘어41 Cooper Square는 LA를 근거로 활동하는 건축가인 몰포시스에 의해 2009년 완공되었다. 이중 외피Double Skin로 구성된 건물은 40% 에너지 효율을 높이고 75% 자연

하이 라인(The High Line)_제임스 코너(James Corner)

채광이 가능하게 설계되었다.

하이 라인The High Line은 뉴욕 시에 있는 길이 1.6km의 선형공원이다. 1993년 개장한 파리의 프롬나드 플랑테에서 영감을 얻어, 제임스 코너James Corner가 제안한 웨스트사이드 노선으로 맨해튼의 로어 웨스트사이드에서 운행되었던 지상 고가 화물 노선을 공원으로 재이용한 장소이다. 공원은 12번가에서 남쪽으로 한 블록 떨어진 곳에서 시작하여 미트패킹 디스트릭트Meatpacking District에서 30번가, 첼시 지구, 재비츠 컨벤션 센터 근처의 웨스트사이드 야드West Side Yard에 달한다. 버려진 철로 위에 꽃과 나무가 심어진 것을 생각해낸 아이디어와 7.5m 높이에서 자연을 볼 수 있는 것이 인상적이기 때문에 최근 뉴욕 시에서 가장 인기 있는 장소 중 하나가 되었다.

베슬(Vessel)_토마스 헤더윅(Thomas Heatherwick)

하이라인을 걷다보면 눈에 띄는 건축물이 보인다. Inter Active CorpIAC 본사는 2007년 완공한 프랑크 게리의 건축물이다. 저층과 고층의 2개 매스로 구성되며 이는 뉴욕의 셋백Setback 법규에 따른 결과이다. 유리 커튼 월 패널Glass Curtain Wall Panel로 구성된 독특한 외피가 인상적이다.

최근 뉴욕의 명물로 떠오른 토마스 헤더윅Thomas Heatherwick의 베슬Vessel은 벌집 모양의 유명한 야외 건축물로 16층까지 올라갈 수 있는 계단 2,500개와 전망 공간 80개로 구성된 벌집 모양의 건축물이다. 허드슨 야드 공공 광장의 대표 상징물로 뉴욕 시가지와 허드슨 강을 다양한 각도에서 볼 수 있다. 뉴욕의 최신 개발의 결과이자 현대건축 최신 경향의 상징물이라고 할 수 있다.

보스톤(Boston), 메사추세츠(Massachusetts)

일상이 디자인인 도시

사이먼스 홀 기숙사(Simmons Hall)_스티븐 홀(Steven Holl)

보스턴Boston은 미국 매사추세츠Massachusetts 주의 주도이며, 미국에서 제일 오래된 도시 중 하나이다. 뉴잉글랜드 중에서도 최대의 도시로, 이 지역의 경제 및 문화 중심지이며, 뉴잉글랜드의 수도라는 비공식적인 별칭을 갖고 있다. 보스턴만의 항구를 중심으로 시가지가 뻗고, 주변에 인접하는 여러 도시와 함께 보스턴 대도시권을 형성한다.

미국에서 가장 역사가 오래된 보스턴 시 외곽 케임브리지Cambridge의 찰스 강변Charles River을 끼고 위치한 MITMassachusetts Institute of Technology 캠퍼스는 20세기 초 고전적인 보자르Beaux Arts 양식과 세계적인 건축가들의 건축들로 아름다운 캠퍼스를 형성하고 있다. MIT 캠퍼스에 있는 대표적 건축 거장들의 건축물로는 알바 알토Alvar Aalto의 베이커 하우스 기숙사Baker House, 에로 사리넨Eero Saarinen의 크레지 강당Kresge Auditorium과 예배당MIT Chapel, 아이 엠 페이I.M. Pei의 지구과학관Green Center for Earth Sciences과 미디어랩Media Lab 등이 있다. 현대 건축물로는 스티븐 홀Steven Holl의 사이먼스 홀 기숙사Simmons Hall, 프랑크 게리Frank Gehry의 레이 앤드 마리아 스테이타 센터Ray and Maria Stata Center, 후미히코 마키Fumihiko Maki의 MIT 미디어랩 신관MIT Media Lab. 등이 있다.

그중 스티븐 홀Steven Holl이 설계한 사이먼스 홀 기숙사Simmons Hall는 하나의 거대한 덩어리의 스펀지Sponge라고 불리는 다공성 건물 형태를 설계했다. 외벽 격자무늬의 단조로운 입면은 칼로 썰어낸 듯이 잘라낸 매스의 변화와, 부분적으로 사용한 부정형의 창호, 외벽의 끝에서 깊숙이 들어가 설치되어 깊이가 느껴지는 창호, 외벽 창호 주위

카펜터 시각예술 센터(Carpenter Center for the Visual Arts)
_르코르뷔지에(Le Corbusier)

에 사용한 빨강, 노랑, 파랑 색상 등으로 바라보는 위치에 따라 다채로운 입면을 가진 건물로 변화하게 된다. 건물 외부에 규칙적인 격자무늬를 중요한 디자인 요소로 사용했다면, 내부는 생물학적 개념의 디자인 요소를 사용했다. 건물 우측 모서리에 위치한 주출입구를 통해 로비에 들어서면 동굴 같은 느낌을 주는 부정형의 콘크리트 벽체와 계단을 만난다. 이 부정형의 구조물은 허파Lungs라고 이름 붙인 공간으로 지붕에서부터 열려있어 실내의 자연 채광과 환기의 기능을 수행한다.

카펜터 시각예술 센터Carpenter Center for the Visual Arts는 1963년에 완성된 르코르뷔지에Le Corbusier의 갤러리 건물로 하버드 대학교의 캠퍼스에 위치하고 있다. 르코르뷔지에의 근대건축의 대표작으로 주출입구의 경사로가 내부까지 연결되어 외부공간과 내부 공간을 연결하는 위상학적 관통을 형성한다. 건물의 대부분은 대학 학생들을 위한 예술 스튜디오로 구성된다.

The Institute of Contemporary ArtICA는 1936년 보스턴 현대 미술관으로 설립된 이후 여러 차례 이름 변경과 갤러리 및 지원 공간 이전을 거쳤다. 최근 딜러 스코피디오와 렌프로Diller Scofidio+Renfro에 의해 설계된 현대건축으로 유리박스에서 바다 풍경이 내려다보이는 공간 구성이 인상적인 현대 예술 및 공연 공간이다.

뉴 헤이븐New Haven은 미국 동북부 코네티컷Connecticut 주에 있는 도시이다. 롱아일랜드 해협의 북쪽 연안에 위치하며 1638년에 런던에서 온 청교도들에 의해서 건설되었다. 롱아일랜드 수로의 입구에 있는

바이네케 도서관(Beinecke Rare Book Library: The Beinecke Library)
_고든 번샤프트(Gordon Bunshaft)

항구 도시로 예일 대학교Yale University가 있고 코네티컷 주 중남부의 상업, 교육, 문화의 중심지 역할을 한다. 직접 걸어서 돌아다녀 보면 도시가 크지 않지만 교육 중심의 도시 분위기가 묻어난다. 1988년 프리츠커 수상자인 고든 번샤프트Gordon Bunshaft의 예일대학교 내 바이네케 도서관Beinecke Rare Book Library: The Beinecke Library은 훌륭한 건축 디자인, 뛰어난 엔지니어링, 아름답고 예술적인 디자인, 기능 및 에너지 효율성의 놀라운 도서관이다. 벽은 얇은 돌로 만들어져 햇빛이 내부 공간으로 비쳐서 스테인드글라스 큐브에 서있는 느낌을 준다.

나이아가라 폴스(Niagara Falls),
토론토/온타리오(Toronto/Ontario)
동부의 경이로운 자연

나이아가라 폴스(Niagara Falls)

나이아가라 폴스Niagara Falls는 국경인 나이아가라 강을 경계로 미국 뉴욕 주와 캐나다 온타리오 주에 위치한다. 나이아가라 폭포에 관한 다양한 관광산업이 발달했다. 아프리카 빅토리아 폭포, 남미 이구아수 폭포와 함께 세계 3대 폭포 중 하나로 물의 힘을 다양한 방법으로 경험하고 느낄 수 있다. 폭포라는 그 자체가 놀라움의 대상이다. 폭포에 가까이 다가가면 흐르는 물이 마치 살아 움직이는 듯 꿈틀거리는 모습에 아찔함을 느낄 것이다.

토론토Toronto는 캐나다에서 가장 큰 도시이며, 북아메리카에서 네 번째로 큰 도시이다. 토론토는 온타리오 주의 남부의 온타리오 호의 서북부에 위치하고 있다. 토론토는 주변의 미시소거Mississauga, 브램턴Brampton, 본Vaughan, 리치먼드 힐Richmond Hill, 마컴Markham 등 도

로열 온타리오 박물관(Royal Ontario Museum: ROM)
_다니엘 리베스킨트(Daniel Libeskind)

시들을 하나로 연결하여 광역 도시권인 GTAGrand Toronto Area를 형성하고 있다. 이곳에 캐나다 인구의 약 25%가 거주한다.

로열 온타리오 박물관Royal Ontario Museum(ROM)은 토론토 대학교 지구에 있는 퀸즈 파크 북쪽에 있는 예술, 세계 문화 및 자연사 박물관이다. 기존의 고전 건축양식과 독일 건축가 다니엘 리베스킨트가 설계한 현대 건축양식이 공존한다. 현대 건축 중 해체주의 건축의 대표 작품이다. 캐나다에서 가장 크며 소장품이 약 600만 개에 이르며 세계 각지의 물건들이 포함되어 있다.

프랑크 게리의 건축물인 온타리오 미술관Art Gallery of Ontario(AGO)은 방대한 캐나다 예술품 컬렉션, 유럽 걸작을 만나볼 수 있는 대규모 갤러리이다. 로열 온타리오 박물관과는 다른 형태적 다양성을 볼 수 있다. 전통적인 동부의 도심에 최신 현대 건축이 자리 잡고 있다.

씨엔 타워CN Tower는 1976년에 캐나다 토론토에 세워진 높이 553.33m의 탑으로 토론토를 대표하는 랜드마크로 잘 알려져 있다. 전체적으로 긴 로켓 모양을 하고 있는 콘크리트 타워이자, 지지물이 없는 단독 타워이다. CN은 공식적으로 통신망Communication Networks 또는 캐나다Canada's National를 의미한다.

토론토와 함께 캐나다를 대표하는 도시인 퀘벡Quebec City은 캐나다 퀘벡 주의 주도이며 행정 지역의 중심 도시이다. 세인트로렌스 강 하구에 강폭이 갑자기 좁아지는 지점에 위치하며, 퀘벡이라는 지명은 알곤킨 언어로는 강이 좁아지는 곳을 뜻한다. 퀘벡은 1608년 프랑스 탐험가 사무엘 드 샹플랭이 정착지를 세운 이후 북미에서 가장 오래된 도시가 되었다. 퀘벡 구도심을 둘러싸고 있는 성벽은 미국과 캐나다를 통틀어 도시에 남아있는 유일한 성벽이다. 샤토 프롱트나크Château Frontenac는 국립 사적지로 지정된 퀘벡 시의 랜드마크 호텔이다. 세인트 로렌스 강을 따라 고지대에 있어 전망이 매우 좋으며, 청록색 구리 지붕, 벽돌 벽, 창문 흰색 테두리 장식의 프렌치 로마네스크 풍의 건축물이다. 한국 인기 드라마에서 단풍국의 배경으로 소개되어 한국인에게 유명세를 치르고 있는 듯하다.

PART

02

지역주의 속 특별시

COFFEE

Chapter 05

근대건축에서 복잡계 건축으로

각 개인의 염원의 상징인 도리이 아래를 걸어가면 사이사이로 들어오는 빛에 의해 도리이의 주황색은 눈을 자극하며 내적 감정을 요동치게 한다. 아무 말 없이 개인의 감정을 끌어올리는 자연 속 도리이의 빛과 색과 반복이 나치의 선동 연설보다 더 크게 다가오는 순간 빛과 색이 만드는 현상학의 힘을 새삼 깨닫는다.

- 오사카(Osaka)
  빛과 콘크리트의 시학
- 도쿄(Tokyo)
  새로운 일본식 현상학적 공간
- 센다이(Sendai)
  투명성을 이용한 현상학적 경계

오사카(Osaka), 일본(Japan)

빛과 콘크리트의 시학

쿄토 아라시야마 대나무 숲

일본의 현대건축은 매우 다양하다. 일본 근대건축 1세대의 일본성의 고찰과 일본 근대사회의 형성에 이은 2세대의 전 세계적 확장, 그리고 가장 주목받는 3세대의 독자적인 건축 재료를 이용한 현상학적 건축, 그에 따른 문제점을 극복하기 위한 젊은 4세대의 건축 등이다. 건축 활동이라는 것이 아무래도 건축가의 활동 근거지와 주변과의 관계에서 이루어지기 때문에 일본의 경우 오사카와 도쿄를 중심으로 현대건축의 경향도 다르게 나타난다.

일본 현상학적 건축설계의 대표 건축가인 안도 다다오 건축물들은 주로 오사카와 교토에 있다. 이바라키 빛의 교회, 고베 물의 절, 교토 시내 명화의 전당 등도 유명하지만 그중에서도 오사카 남동쪽 근교에 있는 오사카 현립 치카추 아수카 박물관Osaka Prefectural Chikatsu Asuka Museum은 가볼 만한 곳이다. 대중교통으로 가기도 불편하고 내부전시는 크게 눈에 띄지 않지만, 외부공간은 다르다. 육중하고 폭력적이기도 한 노출콘크리트는 단순하고 반복적인 계단이라는 건축어휘를 이용하여 산을 살짝 밟고 서서 자연과 어울리려고 노력을 한다. 건축물은 산 중턱에 낮게 깔려있고 계단을 통해 경사지에 놓인 미술관 지붕을 오르면 꼭대기에서 열린 전망이 있다. 그 정점에서 본 노을빛은 아름답다는 말로 화답한다. 계단을 내려와 뒤쪽 거대한 벽 틈새를 따라가다 보면 숨어있는 출입구가 나타난다.

고베에 있는 효고현립미술관Hyogo Prefectural Museum of Art은 오사카에서 고베 시내로 가는 길 바닷가에 있다. 미술관은 전철역에서 내려 바닷가 쪽으로 걸어가다, 직육면체의 건물 사이에 있는 입구를 거

효고현립미술관(Hyogo Prefectural Museum of Art)_안도 다다오(Ando Tadao)

쳐 바다 쪽으로 열려있는 전망대를 찾으면 된다. 여기에는 안도 갤러리Ando Gallery가 있어 그의 중요한 건축 작품을 통해 안도 다다오 건축을 이해할 수 있는 좋은 곳이다. 안도 갤러리 앞쪽에 원형 계단이 있고 이 공간을 중심으로 사람들의 움직이는 동선이 형성된다. 위, 아래 어떤 방향에서 보든 노출콘크리트로 만든 원형 기하학과 조소성의 정수를 느낄 수 있다. 이곳은 겉과 속이 다른, 무겁지만 자유로운, 거대하지만 숨은 공간이 있는 안도 다다오 건축의 전형이다.

교토의 여우 신사Fushimi Inari는 고도 교토를 대표하는 공간으로 신사 입구부터 설치된 주황색의 도리이가 산을 타고 사방으로 확장해

효고현립미술관(Hyogo Prefectural Museum of Art) 외부공간
_안도 다다오(Ando Tadao)

나간다. 각 개인의 염원의 상징인 도리이 아래를 걸어가면 사이사이로 들어오는 빛에 의해 도리이의 주황색은 눈을 자극하며 내적 감정을 요동치게 한다. 아무 말 없이 개인의 감정을 끌어올리는 자연 속 도리이의 반복과 색과 빛을 통해 나타나는 현상학의 힘을 새삼 깨닫는다. 단순한 장치의 반복은 예측하지 못한 규모로 확대되고 나의 상상력이 더해져서 끝없이 퍼져나간다. 도리이를 따라 걸으면서 계속 작은 감탄만이 나올 뿐이다.

도쿄(Tokyo), 일본(Japan)

새로운 일본식 현상학적 공간

아사쿠사 문화 관광 안내소(Asakusa Culture Tourist Information Center)
_구마 겐고(Kuma Kengo)

써니 힐즈(Sunny Hills Minami Aoyama Store)_구마 겐고(Kuma Kengo)

2000년대로 들어서면서 젊은 일본 건축가들이 단게 겐조Tange Kenzo와 안도 다다오Ando Tadao의 문제점을 해결하고자 지난 세대 건축을 진지하게 고민한 결과 도쿄는 새로운 건축물로 가득 채워졌다. 복잡계 이론의 현상학적 표현은 기성세대의 전유물인 콘크리트를 버리고 목재와 유리를 취했다.

도쿄를 중심으로 활동하는 일본 현대건축의 대표주자는 구마 겐고Kuma Kengo다. 이 건축가가 관심을 두는 작은 건축, 약한 건축, 자연스러운 건축, 연결하는 건축은 나무, 돌, 흙을 이용하여 작은 단위Unit를 만들어 쌓고 연결해서 원하는 공간을 만드는 방식이다. 작은 픽셀들이 모여 전체 이미지를 만드는 디지털 포토샵과 유사하다. 써니 힐즈Sunny Hills Minami Aoyama Store는 목재를 엮어서 새로운 건축을 만들어 냈다. 이와 함께 후쿠오카 다자이후Dazaifu의 스타벅스나 GC 프로소

다이와 유비쿼터스 컴퓨팅 연구동(The Daiwa Ubiquitous Computing Research Building)_구마 겐고(Kuma Kengo)

리서치 센터GC Prostho Research Center의 가구식 목재의 조합은 현대과학의 이론을 일본 전통의 방식으로 접합하는 건축의 새로운 사고방식임은 분명하다.

도쿄대학 내 다이와 유비쿼터스 컴퓨팅 연구동The Daiwa Ubiquitous Computing Research Building은 또 다른 구마 겐고 작품이다. 장난하듯 디자인한 나무판들의 반복된 건물 입면이 대단하다. 건물 입구의 카페도 경쾌하고 좋은 공간이지만 건물 옆면의 무한히 반복되는 나무판은 어이가 없을 지경이다. 작고 보잘것없어 보이는 일상의 단위 유닛이 모이면 커다란 힘이 된다는 역사적 진실을 보는 듯하다. 시공이나 유지

관리에 대한 문제점이 발생할 가능성이 있음에도 불구하고 현실화되는 것을 보면 건축에서 설계 개념과 가치를 인정하는 건축주도 시공사도 건축 설계를 하는 건축가만큼 중요하다는 사실을 알 수 있다.

도쿄 시내 아사쿠사Asakusa에 가면 유명한 사찰인 센소지Sensoji가 있다. 센소지의 카미나리몬Kaminarimon Gate 입구 쪽에 아사쿠사 문화관광 안내소Asakusa Culture Tourist Information Center가 있다. 이곳은 도쿄를 여행을 시작하기 전 도쿄에 대한 정보를 듣고 교류하는 곳이다. 구마 겐고는 과감하게 수직 루버로 감싸면서 몇 개의 매스로 나누어 건물 중간 중간이 마치 떠 있는 것처럼 느껴진다. 여행자에게 도시의 첫인상을 갖게 되는 장소를 명확하게 인지하도록 만들었다. 옥상으로 올라가면서 도쿄 도시의 전망이 점차 다가오고 8층에서는 완전하게 개방된다. 여행자는 본인이 방문한 곳이 일본이라는 것을 관광 안내소 내·외부에서 확실하게 느낄 것이다.

센다이(Sendai), 일본(Japan)

투명성을 이용한 현상학적 경계

센다이 미디어테크(Sendai Mediatheque)_토요 이토(Toyo Ito)

센다이 시내 거리 풍경

유리의 투명성과 수공간의 물리적 성질을 이용하여 투명하게 만들고 주변을 반사하여 우리가 가진 기존의 관념을 깨고 감각을 예리하게 만드는 경험을 주는 공간을 대하면 저절로 그들이 창조한 공간에 빠지게 된다. 일본 센다이에서는 투명한 거리와 건축을 통해서 새로운 현상학적 경험을 할 수 있다.

일본 동북지역 최대도시인 센다이지만 시내는 생각보다 작다. 걸어 다니다 보면 투명한 유리의 단순한 형태의 건축물이 눈에 띈다. 현대건축의 한 획을 그은 것으로 유명한 토요 이토Toyo Ito의 센다이 미디어테크Sendai Mediatheque이다. 건축 입면의 유리가 주변의 모든 거리 풍경을 반사해서 자신은 아무것도 없는 듯 도시의 거리에서 무표정하게 서 있는 듯하다. 건물 외피로 사용한 유리가 너무나 투명해서 도시

아키타 현립 미술관(Akita Museum of Art)_안도 다다오(Ando Tadao)

의 거리와 미술관 내부가 마치 경계 없이 연속된 공간같이 느껴진다. 건축물의 외피가 도시와 건축의 경계를 약하고 흐리게 함으로써 공간의 시각적 확장이 일어난다.

센다이 미디어테크 내부로 들어가면 외부와는 또 다른 새로운 공간이 나타난다. 입구에 가까이 있는 계단은 유리 박스 안에 담겨있다. 그리고 반대쪽 엘리베이터도 원통형 철골구조 안에서 움직인다. 기능에 꼭 필요한 계단 등 건물 코어만 남기고 나머지는 텅 빈 공간으로 비웠다. 그런데 건물 내부에 있어야 할 우리 눈에 익숙한 거대한 기둥이 안 보인다. 근대건축의 돔이노Domino 시스템 이후 근, 현대 건축에서 기둥은 필수 요소다. 이곳은 커다란 기둥 대신 기둥을 잘게 쪼개서 다른 프로그램이나 실을 만드는 벽으로 사용해서 마치 기둥이 없는 듯

착각하게 만들었다. 외부에서 내부로의 투명성은 이런 내부 디자인과 연결하여 현상학적 공간을 더욱 확장한다.

센다이에서 4시간 정도 떨어진 아키타는 개이누(Inu), 쌀과 사케, 흰 눈으로 유명하다. 도시는 크지 않고 한국의 도시와는 매우 달라서 대형 고층 건물은 거의 없고 독립된 작은 건물들로 빼곡하다. 마치 미국의 소도시를 연상하게 한다. 그중 안도 다다오의 아키타 현립 미술관Akita Museum of Art은 하늘을 내려다볼 수 있는 독특한 경험을 할 수 있는 특별한 장소다. 아키타 미술관은 입구, 거대한 로비, 연결 내부 브리지 등도 좋지만 가장 좋은 공간은 2층 카페에 앉아서 내려다보는 1층 옥상에 조성된 수공간이다. 미술관 외부에서는 저층부 옥상에 수공간이 있는지 전혀 알 수 없는데 내부카페에서 바라보는 수공간에는 물에 반사되어 뒤집힌 하늘이 한 눈에 들어온다. 그 너머로 건너편 쿠보타 성터Kubota Castle도 보인다. 외부에서는 가려진 내부의 수공간을 인지하지 못하다 갑자기 마주치는 의외성으로 인해서 다른 건축물의 수공간보다도 더 큰 감동으로 보는 사람의 마음을 자극한다. 소도시 아키타에서는 여유로움을 즐기면서 철학적 진실을 마주할 수 있다.

Chapter 06

개성의 도시

중동에서는 신체적 구분이 많지 않은 민족 간 갈등이 극심한데 여기는 시각적 신체적 차이가 명확한데도 같은 나라 한 도시에 어울려 산다. 경계를 짓고 구분하는 것은 소용없고 경계를 구분할수록 문제가 커진다는 생각이 든다. 그래서 현대건축에서도 경계 흐리기가 주된 개념으로 된 걸까?

- 다낭(Danang)
  어떤 박물관에도 햇빛은 든다
- 싱가포르(Singapore)
  세상에서 제일 아름답고 우아한 리모델링
- 이르쿠츠크(Irkutsk)와 울란우데(Ulan Ude)
  러시아 그들만의 표현

다낭(Danang), 베트남(Vietnam)

어떤 박물관에도 햇빛은 든다

다낭 용다리(Dragon Bridge)

베트남은 남북으로 길어 위도의 차이가 크다. 남과 북 생활환경이 그만큼 다르다. 도시들도 크게 현재 수도인 북부의 하노이와 남쪽의 호치민, 그리고 중부의 다낭지역으로 나뉜다. 현대건축은 대도시를 중심으로 이루어지기 마련이다. 베트남은 번성하는 시대별로 중부, 남부, 북부로 번갈아 가면서 발전하였고 그 기록이 고스란히 도시에 남아 있다. 강렬한 햇빛과 풍부한 물은 쌀이라는 경제적인 혜택과 함께 현상학적 건축공간을 만드는데도 부족함이 없다. 최고의 자연환경에 역사적으로 다양한 외부의 영향은 가슴 아프지만, 베트남만의 분위기 형성에 일조했다.

다낭의 참 조각 박물관Museum of Cham Sculpture은 1919년 프랑스 고고학자에 의해 만들어진 집을 개조해 힌두교 참 조각상Cham Sculpture을 전시하는 곳으로 10개의 전시실에 약 300개가 전시돼 있으며, 세계에서 가장 큰 참 조각상도 있다. 베트남 중부지역에 프랑스 양식의 주택에 힌두교 조각을 전시하는 공간이라니 너무나도 글로벌하게 느껴진다. 하나의 공간은 항상 그 자리에 변함없이 있을 것 같은데, 그 공간은 시간에 따른 다양한 역사가 개입하여 고고학적 시대의 지층을 만들고 그 지층에 깔린 계보학적 바탕을 통해 지속해서 변화해가는 것이 아닌가 싶다. 배경이 된 새로운 전시공간은 빈약하고 전용공간도 아니지만 강렬한 햇빛이 내부까지 비춰서 내부 전시공간을 풍부하게 보완해 준다. 자연조명이 비치는 전시물과 세월이 만들어 내는 공간의 겹Layer을 같이 볼 수 있는 곳이다. 베트남 특유의 현상학적 공간이다.

참 조각 박물관(Museum of Cham Sculpture)

다낭에서 그리 멀지 않은 북쪽의 오래된 수도인 후에Hue의 왕궁은 예상하지 못한 빛의 현상학을 경험할 수 있는 공간을 품고 있다. 왕궁 주변의 경계이자 외부 복도인 회랑은 어느 시대에나 사랑받는 건축어휘였다. 현대건축에서도 회랑은 경계를 긋거나 반대로 모호함을 위해 자주 사용한다. 회랑은 기둥과 지붕만 있기에 실로서의 역할은 하지 못하고 사람의 움직임을 위한 동선으로 그리고 비와 햇빛 등 날씨와 관련된 보조 역할에 머물렀던 공간이다. 한가운데 커다란 외부 중정을 두고 주변을 둘러서 생긴 회랑은 담과 동선의 기능에 충실하다면 담 없이 좌우가 빈 회랑의 경우는 조금 다르다. 동선의 역할도 중요하지만, 햇빛이 들면 빛이 바닥에 의해 반사되면서 회랑은 가뿐해지고 한껏 떠오른다. 햇빛이 하늘에서 내리는 것이 아니라 바닥에서 간접등처럼 올라온다. 오후에 갑자기 쏟아지는 스콜인 어마어마한 비도

후에(Hue) 왕궁의 수공간

땅에 반사되어 튀어 올라 주변을 가뿐하게 만든다. 이곳의 비는 햇빛과 같다. 왕궁은 봤어도 기억이 나지 않고 눈에 띄지 않은 회랑만이 기억에 또렷이 남는 것으로 보면 경험에서 중요한 것은 객관적인 사실보다 경험하는 주체의 상황이 아닐까 싶다.

싱가포르(Singapore)

세상에서 제일 아름답고 우아한 리모델링

가든스 바이 더 베이, 슈퍼 트리(Gardens by the Bay, Supertree)

싱가포르는 홍콩만큼이나 땅이 부족한 도시국가이다. 그렇다고 경제적 이윤만을 따져 멋없는 기능적 초고층을 고집하지 않는다. 아시아 도시에서 가장 현대건축이 많은 곳이다. 이곳의 건축은 현실에 밝은 중국인과 말레이인이 만나 실용적이면서도 과감하고 아시아 특유의 분위기도 담긴 독특한 것들이다. 다양한 민족과 인종의 혼합인 싱가포르 문화의 뿌리는 말레이반도로 이주해 온 중국인 남성과 말레이인 여성 사이에서 태어난 페라나칸Peranakan이다. 그 외에 주변국인 인도, 인도네시아, 태국, 그리고 유럽 식민지로 인한 영국, 포르투갈, 네덜란드의 문화가 가미되었다. 동서양이 본격적으로 교류하던 시기 서양의 식민지국은 대부분 근대 이전의 건축들이 많다. 여기에 시간이 지나면서 새로운 건축 양식이 덧입혀지면서 그 어느 곳에서도 볼 수 없는 싱가포르만의 건축이 나타난다. 싱가포르 시내에 있는 화려한 페라나칸 플레이스 컴플렉스Peranakan Place Complex는 그들만의 독특한 문화와 건축양식을 볼 수 있는 곳이다.

싱가포르 국립 미술관Singapore National Gallery은 1929년 식민지 시절에 지어진 역사적인 건물들인 시청과 대법원을 리모델링하고 두 건물을 연결하여 사이공간을 내부공간화하면서 아트리움Atrium으로 만들었다. 지붕의 구조는 나뭇가지 형태로 만들어 해결하고 우아한 금색 곡선 지붕이 건물 하부까지 내려와 어닝Awning과 같은 출입구를 만들었다. 이곳만큼 황금색을 우아하고 세련되게 표현한 곳을 본적이 없다. 두 건물을 잇는 공중 보행로, 지붕의 일부를 감싼 황금색 외피, 싱가포르의 동양적 특성과 자연요소를 이용한 섬세한 디자인의 결과는 세상에서 제일 아름다운 공간을 창조했다. 프랑스 건축사무소인 Studio

핸더슨 웨이브(Henderson Waves)_RSP Architects

Milou Singapore와 CPG Consultants의 감성적이면서 섬세한 디자인의 결과다.

핸더슨 웨이브Henderson Waves는 싱가포르 남부 해안 고속도로인 헨더슨 도로 위에 위치하여 텔록 블랑가 힐 파크Telok Blangah Hill Park와 마운트 페이버 파크Mount Faber Park를 연결하는 보도교이다. 전체적인 형상은 삼각 함수의 조합으로 이뤄진 기하학적 형상 함수라고 하는 크고 작은 아치 7개가 파도치는 물결 모양을 이루고 있다. 안전하면서도 자연 친화적이고 아름다운 다리를 연출하기 위해 강재와 목재가 외피로 사용됐으며 그 결과 데크 위에서 앉아서 쉬거나 주변을 조망할 수 있도록 교량 위쪽은 열려있고 숲속을 걷는 듯 자연이 가득하다. 이곳을 시작으로 도심 속 숲 트레킹을 하는 동안 현대미술 클러스터인 길

먼 배럭스Gillman Barracks, 알렉산드라 아치Alexandra Arch, 렘 콜하스Rem Koolhas의 인터레이스The Interlace 공동주택까지 도시 속 다양한 건축공간을 만날 수 있다.

이르쿠츠크(Irkutsk)와 울란우데(Ulan Ude), 러시아(Russia)
러시아 그들만의 도시와 건축

대성당 주현절 교회(Sobor Bogoyavlensky)

유럽과 아시아에 걸쳐있는 러시아지만, 바이칼 호수 쪽은 몽골과 가까워 슬라브족과 몽골족이 섞여서 산다. 자연과 도시가 서로 스며들어 있고 사회주의와 러시아 정교회의 건축도 독특하다. 한여름에도 무덥지 않은 자연 속에서 서로 다른 슬라브족과 몽골족의 사람들이 공존하는 곳인 바이칼 호수와 주변의 두 도시 이르쿠츠크Irkutsk와 울란우데Ulan Ude에서 머물러보자.

러시아 하면 모스크바를 떠올리는 사람에게 바이칼 호수의 관문 도시 이르쿠츠크는 도시 이름도 생소하고 발음하기도 어렵다. 그나마 사람들은 바이칼 호수를 기억하지 이 아름다운 도시의 이름은 기억하지 못한다. 지리적으로는 서울에서 비행기로 4시간 정도면 도착하니 생각보다 가깝다. 그러나 도시에 가보면 크지 않은 시내이지만 러시아 그들만의 건축양식으로 덮여있다. 대표적인 건축물인 이르쿠츠크의 대성당 주현절 교회Sobor Bogoyavlensky와 동상들은 이르쿠츠크 특유의 분위기를 만들어낸다.

이르쿠츠크 도시를 걷다 보면 러시아만의 도시풍경이 펼쳐진다. 그중 흰색, 코발트블루, 금색으로 단장한 성삼위 성당Church of Holy Trinity이 눈에 띈다. 한국에서 거의 사용하지 않는 색의 조화는 상상을 초월한다. 그런데 나쁘지 않고 나름 세련된 자태를 뽐낸다. 이곳에는 현대건축은 거의 없고 도시는 오래된 수많은 건축물로 구성된다. 그런데도 이 도시가 마음에 드는 것을 보면 도시는 수많은 요소가 여러 겹으로 섞여서 만들어진다는 것이 확실하다.

바이칼 호수(Lake Baikal)

이르쿠츠크 도시에서 출발해 바이칼 호수를 가본다. 바이칼 호수 여행은 알혼섬Olkhon Island이 일반적이다. 또 다른 루트인 이르쿠츠크에서 울란우데로 가는 기차여행도 바이칼 호수의 남쪽을 따라가며 아름다운 호수와 자연을 그리고 그 안에 있는 작은 마을을 보여준다. 일주일의 시베리아 횡단 열차는 아니더라도 바이칼의 아름다움을 보여주는 반나절 기차여행은 행복한 시간이다.

바이칼 호수 두 도시 중 하나인 유럽 분위기의 이르쿠츠크에서 기차를 타고 동쪽으로 가면 아시아의 도시 울란우데가 나온다. 울란우데 시내에는 몽골족의 지계인 브랴트인이 많은데 그들 사이에 파란 눈의 슬라브족이 눈에 띈다. 중동에서는 신체적 구분이 많지 않은 민족간 갈등이 극심한데 여기는 시각적 신체적 차이가 명확한데도 같은 나라 한 도시에 어울려 산다. 경계를 짓고 구분하는 것은 소용없고 경계를 구분할수록 문제가 커진다는 생각이 든다. 그래서 현대건축에서도 경계 흐리기가 주된 개념으로 된 걸까?

Chapter 07

미니멀리즘의 도시

이 건축물의 외부 입면은 단순한 2차원의 면이 아니라 3차원적인 공간으로 표현된다. 외부의 커다란 기둥과 건물 입면의 또 다른 기둥과 입면은 내·외부 공간의 치열한 갈등에 의한 경계로 보인다.

- 바젤(Basel)
  알프스의 건축 현상학
- 비트라(Vitra)
  의자의 마을
- 포르투(Porto)
  또 하나의 미니멀리즘

바젤(Basel), 스위스(Switzerland)

알프스의 건축 현상학

REHAB 센터_헤르조그와 드뫼롱(Herzog and de Meuron)

스위스는 유럽의 지리적 중심에 위치하면서 자연환경과 연결된 독특한 건축적 분위기로 현대건축에서 미니멀리즘과 건축 현상학의 대표가 되었다. 스위스는 현대건축의 대표적 형태인 직육면체 스위스 박스Swiss Box로 대표하는 건축가 헤르조그와 드뫼롱Herzog and de Meuron과 빛과 물 등 자연요소를 이용한 현상학적 분위기를 만들어 내는 피터 줌터Peter Zumthor로 인해 현대건축의 주류가 되었다. 발레리오 올지아티Valerio Olgiati, 피터 마클리Peter Märkli, 기공 앤 가이어Gigon & Guyer 등 다 나열하기도 어려운 많은 뛰어난 건축가들이 자연 속의 도시, 도시 속의 자연이 당연하게 느껴지는 스위스의 환경 속에서 과감하게 때로는 타협하듯 만들어 내는 현대건축은 놀라움의 범위를 벗어나고 있다. 현상학적 투명, 반투명, 불투명의 건축적 경계 조정과 석재, 나무, 유리, 철 등 다양한 자연 건축 재료를 이용하여 만들어 내는 스위스만의 비참조적 현상학적 공간을 들여다본다.

바젤 시내 뮌헨슈타인 다리Muenchensteinerbrücke의 남동쪽 기찻길에 놓여있는 시그널 타워Signal Tower는 주변의 공동주택과 오피스와의 관계를 고려하면서 오브제의 역할까지 하는 현대 건축의 디자인이다. 자세히 보면 금속의 수평 루버가 연속성을 가지면서 조금씩 변형되어 전체의 단순한 기하학 형태가 완성된다. 파라메트릭 디자인Parametric Design은 컴퓨터를 이용하여 3차원 모형의 매개변수Parameter를 변화하여 나타나는 형태를 이용하는 파라메트릭 스킨Parametric Skin 설계 방법이다. 이러한 디자인과 구리의 수평 루버를 사용한 결과 기능적인 시그널 타워가 마치 살아 있는 생명체와 같은 연속성의 그라데이션Gradation이 나타나는 유기적인 형태로 거듭났다. 기차 역 주변에 또 다른 유사한 시그널 타워 4가 쌍둥이처럼 서 있다.

바젤 시내를 걷다 보면 눈에 띄는 공공주택이 계속해서 나온다. 언뜻 보면 형태가 유별난 것도 아니고 공간이 특이한 것도 아닌데 자꾸 눈이 간다. 매우 뛰어난 건축 설계의 결과라 하나같이 남다른데도 유별나게 튀지 않는다. 평범한 것처럼 보이는 그 속에 담겨 있는 비범함이다. 스위스의 건축이 거의 다 그렇다. 아마도 이런 디자인 능력이야말로 최고 수준의 능력이 아닐까 싶다. 헤르조그와 드뮈롱이 설계한 저층의 공동주택은 입면에 폴딩 창Folding Window을 이용하여 실용적인 기능 공간과 다양한 입면 디자인을 동시에 해결하였다. 춥고 밤이 긴 겨울과 무더운 여름의 극한 날씨를 극복하는 건축적 방법은 복도형 공간을 막고 열리는 장치 하나로 해결하고자 하였다. 바젤 외곽에는 헤르조그와 드뮈롱이 설계한 REHAB센터가 위치한다.

비트라(Vitra), 독일(Germany)

의자의 마을

비트라 디자인 뮤지엄(Vitra Design Museum)_프랑크 게리(Frank Gehry)

보통 시내의 로터리 중앙은 비워두거나 나무와 같은 조경 아니면 기념탑이 차지하게 된다. 바젤 근처 비트라Vitra의 도로 로터리 중앙에는 커다란 의자가 놓여있다. 한국에서는 상당한 비용을 지불해야 하는 의자와 가구로 인식되는 비트라가 산업디자인의 메카가 된 것은 의자 디자인 때문이다. 우리가 매일 앉는 의자는 단순하고 일상적이지만 그 의미는 매우 크다. 그래서 로터리의 중앙에 의자가 놓인 것이리라. 일상의 비일상화인 것이다. 비트라 캠퍼스Vitra Campus는 바젤의 노바티스 캠퍼스Novatis Campus와 더불어 현대건축의 보고이다. 비트라 캠퍼스에 가면 비트라 하우스, 뮤지엄, 소방서, 전시관 등 다양한 건축물들이 즐비하다. 프랑크 게리, 자하 하디드, 안도 다다오, 헤르조그와 드뫼롱 등 당대의 내로라하는 건축가들의 작품들이라 독립적이고 서로 연계되기는 어려운 것이 아쉽다.

비트라 캠퍼스가 기성 스타 건축가의 디자인 잔치라면 노바티스 캠퍼스는 기성 건축가를 포함 피터 마클리, 데이비드 치퍼필드, SANAA, 다니구치 요시오, 마키 후미히코, 라파엘 모네오 등 최고의 건축가들에 의해 조성된다. 그중 피터 마클리의 건축은 스위스 제약회사인 노바티스의 철학과 잘 어울린다. 단순한 직육면체 박스 형태이지만 긴 격자로 명확하게 나눠진 입면과 하부 공간은 미니멀한 디테일이 얼마나 중요한지 알 수 있다. 자동차로 1시간 거리에 있는 졸로투른Solothurn의 신테스De Puy Synthes도 피터 마클리가 설계한 매우 중요한 건축물이다. 이 건축물의 외부 입면은 단순한 2차원의 면이 아니라 3차원적인 공간으로 표현된다. 외부의 커다란 기둥과 건물 입면의 또 다른 기둥과 입면은 내·외부 공간의 치열한 갈등에 의한 경계로 보인다.

비트라(Vitra)의 노을

비트라를 떠나는 저녁에 노을이 진다. 낮게 깔린 비트라 마을은 자연에 묻히고 하늘의 구름은 붉은색으로 변한다. 한순간 갑자기 어두워져서 서둘러 기차역으로 오는데 아침에 지나간 마을 로터리 가운데 놓인 의자 주변에 불빛이 들어온다. 의자 조각상이라고 해야 하나? 조각상이 칸델라 불빛을 받아 낮의 이미지를 벗고 새로운 낭만을 입는다. 스위스의 낭만은 산업과 정밀과학과 치밀한 계산이 만들어 낸 아우라가 밖으로 비춰지는 것이다. 매우 복잡한 부품의 정밀한 조합이 생명인 분야와 단순하고 명쾌한 기하학적 형태의 경험과 분위기를 형성하는 건축분야는 서로 상반된 성격을 갖는데 스위스에서는 절묘한 조합을 이룬다. 의자가 기능과 미학의 결과물이듯 말이다.

포르투(Porto), 포르투갈(Portugal)

또 하나의 미니멀리즘

포르투(Porto) 구도심

포르투는 유럽에서 미니멀리즘 건축의 본거지이다. 알바로 시자Alvaro Siza와 에두아르도 수토 드 모라Eduardo Souto de Moura로 대표되는 이곳은 작은 도시임에도 불구하고 훌륭한 전통건축과 함께 근대건축과 현대건축으로 가득 차 있다. 포르투갈의 수도 리스본Lisbon에는 아이레스 마테우스Aires Mateus 형제의 서브트랙션Subtraction(빼내기) 건축 기법의 미니멀리즘이 기다리고 있다. 대항해의 시대를 주름잡던 포르투갈이 이제 현대건축을 호령하고 있다.

미니멀리즘 건축의 대표 건축가인 알바로 시자Alvaro Siza의 포르투 시내 지하철역 상 벤투 역São Bento을 보면 그의 디자인에 놀라지 않을 수 가 없다. 미니멀리즘이라 약간 비워진 듯하고 지하철 공간이라 조명도 환하지는 않아 살짝 안전이 걱정스럽지만, 내부공간은 마치 백색의 미술관과도 같이 고요하면서도 절제된 분위기를 풍긴다. 특히 전철이 지상에서 들어오고 나가는 입구를 전철 탑승구에서 볼 수 있는데 이 공간을 통해 전철이 미끄러져 들어오는 순간은 압권이다. 지하철 플랫폼에 서면 빛을 머금은 전철이 지상에서부터 천천히 지하로 내려오는 광경을 있는 그대로 볼 수 있다.

포르투 바닷가에 있는 알바로 시자의 레싸 수영장Leça Swimming Pools도 가봐야 한다. 최소한의 인공건축물로 바닷가의 일부를 적절하게 막아 자연스러운 형태의 천연수영장을 만들었다. 직사각형의 국제규격 인공 수영장과 비교하면 파격 그 자체다. 풀장의 형태도 놀랍지만 수영장까지 가는 과정의 공간이 더 놀랍다. 단순한 벽체와 지붕만으로 사람들이 이동하는 동선을 만들고 분위기를 조정해서 자연스럽게 수영장의 기능적인 공간을 배치하고 그 공간을 통해서 풀장으로 나가게 된다. 어두운 공간을 지나서 나타나는 바닷가의 환한 천연 바닷가 수영장을 마주보는 순간 모든 사람들은 수영할 생각을 잊고 풍경에 압도된다.

현대건축의 거장 렘 콜하스는 포르투에 정교한 세공을 한 보석과도 같은 카사 다 뮤지카Casa da Musica를 설계했다. 포르투 구도심의 로터리 한쪽을 완전히 비운 대지에 건축물을 배치했다. 사이트 바닥은 곡선의 대지를 만들고 그 위에 기하학적 형태의 다각형 건축을 가뿐하게 올려놓았다. 내부는 대음악당을 중심으로 공간을 하나로 통합하는 관통Penetration이라는 현대건축의 어법을 사용했다. 이전에 설계했던 Y2K 주택 프로젝트의 개념을 그대로 가져온 콘서트홀의 개념은 렘 콜하스 최전성기의 작품이다. 백색의 단순한 미니멀리즘과 현상학적 분위기를 만드는 포르투의 건축에 새로운 도전장을 내밀었다고 할 수 있다. 현대건축의 위상학적 공간은 포르투 도심을 꿰뚫었다.

Chapter 08

경이로운 자연과 도시

허허벌판의 자연환경에 기하학적 오브제의 건축물이 덩그러니 놓여 있다는 사실 자체만으로도 눈길이 갈 수밖에 없다. 이곳에 가면 건축이 놓이는 대지, 사이트가 중요하다는 것을 피부로 느낄 수 있다. 멀리서 보면 주변과 어울리는듯한데 다가갈수록 현대건축의 기하학적 형태가 묘하게 이질감을 유발한다. 너무나 광활한 대지에 홀로 놓여 있어서 그런가 보다.

- 라스베이거스(Las Vegas)
  도심 인공 계곡
- 솔트 레이크 시티(Salt Lake City)
  자연 속 종교의 도시
- 덴버(Denver)
  자연 자체가 된 백색의 도시
- 산타페(Santa Fe)
  인디언 원주민의 세련된 흙 건축
- 피닉스(Phoenix)
  사막 속 천국을 꿈꾸다

라스베이거스(Las Vegas), 네바다(Nevada)

도심 인공 계곡

더 스트립(The Strip)

미국 서부 도시를 떠나면 바로 사막이 나온다. 사막 한가운데 끝도 없는 도로가 놓여있다. 움직이는 물체는 바람에 굴러다니는 회전초Tumbleweed가 유일하며 고속도로 위 반대 방향의 자동차도 없이 혼자 달리는 경우도 허다하다. LA에서 일직선의 도로를 반나절 정도 가면 모래사막 위의 신기루 같은 도시인 라스베이거스가 나타난다. 낮보다 밤이 더 어울리는 도시이니 저녁노을이 지는 시간에 맞춰 화려한 도시로 들어가자.

도시의 중심은 더 스트립The Strip이라는 거리다. 주요 호텔 카지노와 리조트는 이 거리에 모여 있다. 시작은 거리 남쪽의 Mandalay Bay, Luxor Hotel & Casino, Excalibur Hotel & Casino, New York－New York Hotel & Casino, MGM Grand, Bellagio Hotel & Casino, Paris Las Vegas, Caesars Palace, Flamingo Las Vegas Hotel & Casino, The Mirage, The Venetian Resort Las Vegas, Treasure Island－TI Hotel & Casino, Wynn Las Vegas, Circus Circus Hotel and Casino, Casino & Sky Pod까지 다 셀 수도 없을 정도이다. 오래된 카지노부터 최신 현대건축의 리조트까지 다양하다. 카지노가 주 공간이지만 예전과는 다르게 가족 동반의 리조트와 컨벤션의 역할이 커지면서 호텔마다 다양한 부대시설을 갖추어서 색다른 경험을 할 수 있는 곳이다. 롤러코스터, 분수 쇼, 서커스 등 이곳은 사람이 만든 인공시설의 극치가 아닐까 생각될 정도로 대단한 규모와 상상력의 공간을 만끽할 수 있다. 그중 의미가 남다른 몇 곳을 살펴보자.

플라밍고 라스베이거스 호텔Flamingo Las Vegas Hotel & Casino은 벅

시 시걸Bugsy Siegel이 1947년에 세운 최초의 카지노지만 아직도 외부의 화려함은 여전하다. 홍학을 의미하는 이곳은 마이애미의 아르 데코Art Deco 양식을 본떠서 더 화려하게 느껴진다. 아무것도 없는 허허벌판 사막에 카지노를 계획한다는 발상 자체가 그 결과를 예상하고 확신이 있어야 할 수 있는 행동이었을 것이다. 무에서 유를 창조한다는 행위는 책임이 따르는 것이니 그만큼 대단한 것이리라. 그러나 공공성 측면에서 볼 때 자본과 유흥의 방법으로 개발하는 것은 여러 부작용이 나타나기에 적절성에 대한 고민은 필요해 보인다.

라스베이거스의 다양한 호텔과 리조트가 나름대로의 테마로 시각화하고 공간화한 곳이지만 그중에서도 베네치안The Venetian Resort Las Vegas은 눈에 띈다. 오리지널 베니스 도심을 모방한 곳으로 인공 수로에 파란 인공 하늘 천정을 따라 움직이는 곤돌라와 주변 상업시설, 호텔 곳곳 이탈리아 옛 유적과 동일한 장치들, 호텔 앞 광장은 현대사회 시뮬라크르의 극단적인 확장판처럼 느껴진다. 이곳을 중심으로 더 스트립 거리를 밤 시간에 걸어보자. 각 호텔 앞 공간에는 다양한 쇼와 이벤트를 무료로 제공한다. 걸어 다니다 보면 어느 순간 디즈니랜드보다 더 크고 다양한 볼거리들이 일상화된 거리에서 즐거워하는 자신을 발견할 것이다.

스트립 거리를 따라 가다보면 외부 스트리트 몰 지붕을 다 덮고 있는 미디어 아트와 파사드가 나타난다. 프리몬트 길거리 체험구역Fremont Street Experience이다. 입구에서부터 그 규모와 정교함에 놀란다. 세계 여러 도시에도 이곳과 유사한 곳들이 만들어졌지만 이곳에는 이

후버댐(Hoover Dam)

곳만의 독특한 감성이 있다. 특히 무더위가 식고 주변이 어두워지는 밤 시간은 미디어 아트의 환상적인 분위기를 가장 잘 즐길 수 있다.

라스베이거스가 인공의 도시를 건축공간과 상업시설과 카지노로 가득 채웠다면 시내에서 얼마 떨어지지 않은 곳에는 엄청난 규모의 토목 프로젝트인 후버댐Hoover Dam이 있다. 후버댐 정상에서 바라보는 하부는 그 깊이를 가늠하기 어려울 정도이다. 인공시설의 경외감을 넘어서서 무서움이 느껴질 정도이다. 스트립 거리의 호텔과 카지노와는 다른 인공물이 만들어 내는 거대한 풍경 속에서 인간의 노력과 집념, 집착과 극단적 행위 등 상반된 평가를 눈으로 직접 확인할 수 있다.

라스베이거스 시내를 벗어나면 도시와는 완전히 다른 자연 그 자체가 나타난다. 지구 어느 곳과도 비교할 수 없을 정도의 놀라운 자연이 기다리고 있다. 그것도 한두 곳이 아니라 끝없이 펼쳐진다. 인공의 도시만큼, 아니 그보다 더 위대한 자연인 국립공원들을 거치면 서부의 도시와는 다른 미국 중부의 도시로 갈 수 있다.

솔트 레이크 시티(Salt Lake City), 유타(Utah)
자연 속 종교의 도시

솔트 레이크 시티(Salt Lake City)

라스베이거스를 기점으로 북쪽, 동쪽, 남쪽 어느 곳을 가더라도 놀랄 만한 자연과 마주친다. 일 년 내내 무더운 사막을 떠나면 다양한 자연환경이 나타난다. 북쪽으로 가면 엄청난 녹지의 자연과 단풍, 심지어 겨울을 만날 수 있다. 동쪽으로 가면 미국 서부 자연의 전형적인 국립공원들의 침식 지형이 나타난다. 남쪽으로 가면 선인장으로 가득한 열대의 자연 속으로 들어간다. 그중 제일 먼저 라스베이거스에서 북쪽으로 간다.

라스베이거스에서 북쪽으로 올라가면 나타나는 곳이 솔트 레이크 시티Salt Lake City이다. 우리에게는 익숙하지 않은 몰몬교Mormon의 본산지이다. 또한 동계올림픽이 개최될 정도로 겨울 스포츠의 도시이다. 특유의 종교적인 분위기와 눈과 겨울의 이미지가 합쳐져서 아주 깨끗하고 청교도적인 도시로 느껴진다. 이곳에서는 현대건축보다는 종교적 도시 분위기를 살펴볼 수 있다.

사막 옆의 겨울 산은 상상이 잘 안 가는데 그런 사실이 현실이 되는 곳이 바로 이곳 솔트 레이크 2002 올림픽 파크Salt Lake 2002 Olympic Cauldron Park이다. 동계 올림픽은 하계 올림픽과는 다르게 기후 조건이 맞아야 하는 특성으로 인해 북부 캘리포니아의 스쿼 밸리Squaw Valley, 플로리다의 레이크 플래시드Lake Placid와 함께 미국에서 동계 올림픽을 개최한 몇 안 되는 도시이다. 그만큼 눈과 얼음으로 가득한 겨울왕국의 진면목을 느낄 수 있다.

템플 스퀘어Temple Square는 솔트 레이크 시티의 중심이 되는 광장이다. 이 광장을 중심으로 한 그리드 시스템을 기초로 도시계획이 형성되었다. 몰몬교의 도시답게 광장 이름도 종교적이다. 크지 않은 도시지만 도시의 중심 광장에서 풍기는 분위기는 색다르다. 솔트 레이크 유타 템플Salt Lake Utah Temple 등 도시를 상징성을 형성하는 대표 건축물들은 대부분 이곳에 위치한다. 성당과 광장이 도시의 중심에 위치한 전형적인 유럽의 도시와 유사한 공간 구성이지만 사뭇 다른 분위기를 자아낸다. 같은 종교공간이지만 이렇게 다른 것은 어떤 이유일까 오히려 궁금증을 자아낸다. 대형 교회의 첨탑을 보면서 건축의 중요성을 다시 한 번 깨닫게 된다.

솔트 레이크 시티 태버너클Salt Lake City Tabernacle은 아마도 솔트 레이크 시티를 가장 유명하게 만든 공연과 공연장이다. 파이프 오르간과 합창은 종교적 의식을 넘어서 인간의 보편적인 감정을 일깨우는 무언가가 있다. 겨울, 흰 눈, 파이프 오르간, 합창 등이 하나로 모여서 커다란 감동을 불러일으킨다.

솔트 레이크 시티를 벗어나서 북쪽으로 가면 짧은 시간에 계절이 바뀌는 것을 느낄 수 있다. LA와 라스베이거스의 한여름과도 같은 무더위의 사막은 사라지고 푸른 초원의 녹지와 숲이 나타난다. 그리고 몇 시간 더 가면 나무에 단풍이 든 풍경이 나타나면서 가을의 청량함을 느낄 수 있다. 저 멀리서 커다란 산과 산맥이 가까이 다가오고 침엽수가 나타나는데 지구의 위도가 달라지면서 변하는 식물과 식생의 차이를 확인할 수 있다. 그리고 자동차로 북쪽으로 더 올라가면 눈이 내려 쌓이고 추위가 느껴진다. 거짓말 같지만 여름에서 겨울로 변화하

옐로스톤 국립공원(Yellowstone National Park)

는 이런 상황을 단 며칠 사이에 직접 경험할 수 있다. 북쪽 방향 국립공원의 본격적인 시작은 그랜드 티턴 국립공원Grand Teton National Park이다.

옐로스톤 국립공원Yellowstone National Park은 미국 내 최대 규모로 국립공원의 최고봉이라 할 수 있는 곳이다. 도로를 운전하다보면 마치 맘모스와 같은 버팔로가 어슬렁거린다. 수많은 야생동물들을 만나고 동물들이 가로 질러가느라 길 비켜주고 기다려야 하는 것이 마치 야생동물 사파리에 들어와 있는 듯하다. 옐로스톤 국립공원 대자연 속에서 솟구치는 뜨거운 간헐천은 솟구쳐 올라올 때마다 그 규모에 놀란다.

옐로스톤 국립공원에서 북쪽으로 더 올라가면 몬태나 주의 유유히 흐르는 블랙풋 강Blackfoot River에서 플라이 피싱Fly Fishing을 할 수 있다. 직접 낚시를 해도 좋지만 준비가 안 된 상태면 구경하는 것만으로도 즐겁다. 낚시라는 행위가 이렇게 멋진 일일까 싶을 정도로 넋 놓고 바라볼 정도다. 영화 '흐르는 강물처럼'을 통해 봤던 대자연이 눈앞에 펼쳐지면서 영화의 바로 그 유명한 배우의 낚시 장면이 내 눈 앞에 겹쳐진다.

북쪽 국립공원과는 거리가 있지만 사우스다코타South Dakota 주 남서부 블랙 힐스 산지에 있는 러시모어 국립공원Mount Rushmore National Memorial은 자연 속 거대한 인공 조각이라는 색다른 풍경으로 유명하다. 미국의 조각가 거츤 보글럼Gutzon Borglum에 의해 얼굴 크기가 건물 6층 높이에 달하는 조지 워싱턴, 에이브러햄 링컨, 토머스 제퍼슨, 시어도어 루스벨트 등 미국 역사상 위대한 대통령 4명의 두상이 조각되어 있다. 어느 도시에서건 자동차로 가기에는 맘을 먹고 일부러 가야 할 정도로 불편하고 멀지만 막상 가보면 방문할 만큼 충분한 가치가 있음을 느낄 것이다. 미국 전직 대통령 4인의 석상은 미국 여권 안 속지에 실려 있어 미국인이면 누구나 쉽게 볼 수 있다.

덴버(Denver), 콜로라도(Colorado)

자연 자체가 된 백색의 도시

덴버 미술관(Denver Art Museum)_다니엘 리베스킨트(Daniel Libeskind)

라스베이거스에서 동쪽으로 가면 광활한 미국 서부의 침식지형이 나타난다. 전형적인 미국 국립공원들이 연거푸 나타난다. 지구상에 이곳만한 자연이 또 있을까 싶을 정도이다. 비슷하지만 다른 지형들이 모여 있다는 사실만으로도 신기할 따름이다. 하나씩 들려서 살펴보고 자연의 경이로움을 온몸으로 느껴보자. 각 국립공원에 들어갈 때마다 별도의 입장료를 지불해야 하니 가능하다면 1년 국립공원 회원권인 연간패스Annual Pass를 구입하길 권한다.

뜨거운 태양 아래 형형색색의 모래 바위, 붉은 암반, 수풀 고원으로 둘러싸인 자이언 국립공원Zion National Park은 신의 정원 그 이상이다. 굽이굽이 계곡 사이를 운전하면서 바라보는 자연의 풍경은 가르는 바람으로 상쾌하게 다가온다. 계곡 사이사이를 돌 때마다 옛 서부의 전설과 함께 낭만의 감성이 터진다. 근처 브라이스 국립공원Bryce Canyon National Park도 같이 돌아보자.

미국의 국립공원하면 바로 그랜드 캐니언 국립공원Grand Canyon National Park이다. 콜로라도 강을 따라 만들어진 깊디깊은 계곡은 생각하지 못한 무궁무진한 풍경을 하나씩 꺼내 보여 준다. 통나무 로지Lodge에서 자고 자연 속에서 직접 걸어 다니면서 다양한 경험을 할 수 있다. 유리 전망대는 옵션이다. 전망대에 올라서서 바라보는 하늘과 대지의 지평선과 수평성은 그 어디에서도 볼 수 없는 인생 최대의 경험이다.

무지갯빛 계곡인 앤털로프 캐니언Antelope Canyon은 가장 최근에

앤털로프 캐니언(Antelope Canyon)

방문이 허용된 곳이다. 빛과 색으로 만든 자연의 공간은 신비롭고도 아름답다. 더 이상 말이 필요 없는 곳. 빛과 모래와 흙이 만들어낸 현상학적 공간을 현대건축이 아니라 자연이 먼저 설계했다는 사실을 눈으로 직접 확인할 수 있다.

모뉴먼트 밸리Monument Valley는 우리의 일상과 너무나도 다른 곳이라 외계라고 착각할 정도다. 침식으로 인해 주변의 땅이 다 깎여나가고 남은 곳 그곳이 바로 모뉴멘트 밸리다. 서부하면 가장 먼저 떠오르는 랜드마크와 같은 곳이며 황야의 무법자 시대처럼 말 타고 달려보지는 못해도 그 분위기는 맘껏 느낄 수 있는 곳이다. 모뉴먼트 밸리 속으로 나있는 도로를 따라가면서 나타나는 풍경들은 자연 속의 나 자신의 존재에 대해 다시 한 번 돌아볼 기회일 것이다. 날씨를 예측할 수 없고 변화무쌍하니 운전 조심하고 당황하지 말자. 맑은 하늘에서

모뉴먼트 밸리(Monument Valley)

갑자기 쏟아지는 폭우를 만나면 길가에 잠시 차를 세우고 그칠 때까지 자연에 대해 감탄하는 시간을 갖자. 그러면 어느 순간 비가 개고 아무 일 없는 것처럼 다시 원래대로 돌아올 것이다.

아치스 국립공원Arches National Park은 아치 형태만 남겨진 것을 본떠서 지은 국립공원이다. 이름처럼 우아한 아치가 금세라도 부러질 것 같은데 굳건하게 버티고 있다. 시간에 따른 자연의 고고학적 흔적과 지층 속으로 걸어 들어가 마음껏 느껴보길 권한다. 땅을 밟고 먼 산을 바라보며 좁은 계곡을 따라 가다보면 마치 인디애나 존스가 되어 탐험가가 된 것 같은 착각이 든다. 밤에는 꼭 하늘을 살펴봐야 한다. 세상의 별은 다 이곳에 모인 듯하다.

수많은 미국 서부의 국립공원을 거치면서 로키 산맥을 넘으면 콜로라도Colorado의 도시 덴버Denver가 나온다. 로키 산맥을 자동차로 넘으면 백미러에 보이는 내 뒤로 멀어져 가는 서부의 풍경을 잊을 수 없다. 덴버는 자연 그 자체가 도시가 된 청정의 도시이다.

덴버 국제공항Denver International Airport은 펜트레스 아키텍츠Fentress Architects가 흰 눈 쌓인 로키 산맥을 모티브로 설계했다는 에피소드로 유명한 공항이다. 흰 눈의 산봉우리들이 나란히 서있듯 공항의 형태를 구성하는 현대식 막구조 건축물이 당당히 서 있다. 자연 속의 인공물이 자연과 서로 너무나 닮아 있다.

레드락스 공원과 야외공연장Red Rocks Park and Amphitheatre은 덴버를 대표하는 장소로 시 서쪽 외곽에 있다. 자연을 이용한 외부 원형극장으로 완벽한 음향의 공간이다. 붉은 암석의 자연이 만들어낸 위요공간Enclosure Space은 이곳이 최고의 건축임을 실감하게 한다. 비틀즈Beatles, U2, 브루노 마스Bruno Mars 등 공연의 명성은 이곳을 유명하게 만들었다. 공연이 없더라도 가보면 그 규모와 자연이 만든 음향인 에코 시스템Echo System에 놀란다.

현대건축의 대표적인 해체주의 건축가의 미술관을 덴버 도심에서 만날 수 있다. 덴버 시내는 크지 않아서 더욱 덴버 미술관Denver Art Museum 형태의 독특함이 눈에 띈다. 단정한 도시에 약간의 불량기가 있어 보이는 형태는 다른 도시의 다니엘 리베스킨트Daniel Libeskind 건축보다 더 시선이 간다.

포스트모더니즘의 대표 건축가인 마이클 그레이브스의 덴버 공공 도서관Denver Public Library도 덴버 도심 한가운데 있다. 덴버는 보수적인 도시 같지만, 현대사회의 다양한 문화와 건축을 잘 받아들여서 덴버만의 특유함을 간직하고 있다.

산타페(Santa Fe), 뉴멕시코(New Mexico)
인디언 원주민의 세련된 흙 건축

산타페(Santa Fe)

라스베이거스에서 동남쪽으로 가면 미국 서부 원주민인 인디언 삶의 흔적과 함께 오래전 숲의 나무였던 것이 화석이 된 석화림Petrified Forest을 볼 수 있다. 이러한 자연과 인공의 궤적을 지나고 나면 흙이라는 가장 원초적인 건축 재료를 이용한 산타페 양식의 도시가 나타난다. 그 어떤 인공적인 건축과 도시보다도 자연스럽고 친근한 건축이자 도시공간이 산타페다. 그와 함께 미국에서 UFO가 가장 많이 관측된다는 곳도 가까이에 있다. 이곳은 인간과 가장 가까운 흙 건축과 함께 인간과 가장 먼 외계인의 공간이 공존하는 곳이다.

화석의 숲이라고 불리는 페트리파이드 포레스트 국립공원Petrified Forest National Park은 지금까지 발견된 석화림 중에서 가장 규모가 크고 아름다운 곳이다. 예전에 울창한 숲이었던 이곳은 거대한 나무들이 서서히 진행된 화석화로 인해서 단단한 돌로 변해 버렸다. 직접 눈으로 보면서 하나씩 세어보는 석화림 나이테의 존재는 나의 상상을 벗어난다. 자연과 시간의 변주와 다양성은 끝도 없다.

뉴멕시코New Mexico의 산타페Santa Fe는 인디언 건축이면서 붉은색 흙의 건축 도시로 요약된다. 가장 원초적인 건축 재료인 흙으로 우아하고 세련된 건축을 만들었다. 낮고 작지만 공간은 따뜻하고 정감이 간다. 도시 중심 광장을 둘러싼 아케이드도, 값비싼 오성급 호텔도 작고 낮은 산타페 양식이다. 더위를 피해 들어가는 공간마다 토속적인 공간 속 강렬한 색감의 다양한 기념품이 많아 다른 도시와는 색다른 분위기를 느껴보는 재미도 쏠쏠하다.

조지아 오키프 미술관(Georgia O'Keeffe Museum)
_리처드 글러크만(Richard Gluckman)

조지아 오키프 미술관Georgia O'Keeffe Museum은 1997년 조지아 오키프와 미국의 모더니즘 회화 전시를 위해 건립되었다. 푸에블로 복고 양식인 산타페 스타일의 흙집이 소박하면서도 그 안에 전시된 강렬한 미술품은 잘 어울리면서도 매우 대조적이다. 이곳에 가면 오키프의 초기 추상 미술 작품들과 이후 회화의 커다란 꽃잎, 해골, 풍경화, 바위, 조개, 나무 등 아이콘을 그린 독창적 작품들을 만날 수 있다. 최근 세계적인 건축가인 리처드 글러크만Richard Gluckman 설계로 새로운 현대 건축의 박물관이 들어설 예정이다. 겉으로는 기존의 산타페 양식을 따르겠지만 현대건축의 관점에서 만들어지는 새로운 흙의 건축이 어떤 결과일지 궁금하다.

앨버커키Albuquerque는 산타페와 함께 전통건축을 바탕으로 자연

환경과 어우러짐을 강조하는 건축이 있는 도시이며 우리에게는 많이 알려지지 않았지만 미국 서부의 대표 건축가인 안톤 프레독Antoine Predock의 활동 근거지이다. 또한, 주변에는 UFO와 관련된 건축도 만나볼 수 있다.

스펜서 극장Spencer Theater for the Performing Arts은 안톤 프레독이 설계한 현상학적 건축의 대표작이다. 강렬한 사선과 낮게 깔린 형태 그리고 유리를 통한 강한 빛과 그림자의 공간이다. 허허벌판의 자연환경에 기하학적 오브제의 건축물이 덩그러니 놓여 있다는 사실 자체만으로도 눈길이 갈 수밖에 없다. 이곳에 가면 건축이 놓이는 대지인 사이트Site가 중요하다는 것을 피부로 느낄 수 있다. 멀리서 보면 주변과 잘 어울리는 듯한데 다가갈수록 현대건축의 기하학적 형태가 묘하게 이질감을 유발한다. 너무나 광활한 대지에 홀로 놓여 있어서 그런가 보다. 마치 영화의 세트 같은 느낌을 지울 수 없다.

UFO 박물관International UFO Museum and Research Center은 외계인과 관련된 소문을 확인할 수 있는 공간으로 도시 로즈웰Roswell의 중심부에 있는 곳이다. 믿지도 못하고 믿기지도 않는 이러한 사건과 사실을 구체적인 공간에서 만나보는 것만으로도 이곳을 방문할 가치가 있다. 이곳을 들어가는 순간은 가짜일지도 모르는 증거 앞에서 실제 일어나는 일도 믿을 수 없는 상황에 놓이는 순간일 것이다.

산타페에서 덴버로 가는 길에 있는 UFO 와치타워UFO Watchtower는 아마추어적인 공간으로 실제 미국 내 UFO를 가장 많이 관찰할 수 있다는 곳이다. 미지의 세계, 외계인, UFO 등 우리 사고의 범위를 지구에서 무한대로 확장하고 그 스케일을 확인할 수 있는 곳이 이곳이다. 휴먼 스케일로 시작하는 건축에서 스케일을 확장하여 도시를 구성하고 그런 개념이 무한대로 넓어져 우주로 향하는 관점의 증거를 찾아 하늘을 바라보고 UFO를 확인하는 이 장소에서 우리는 우주 안에 인간이라는 확장의 방향을 거꾸로 인간 내부에 전 세계와 우주가 담겨 있다는 철학도 동시에 이해하게 된다.

피닉스(Phoenix), 아리조나(Arizona)

사막 속 천국을 꿈꾸다

탈리아신 웨스트(Taliesin West)_프랑크 로이드 라이트(Frank Lloyd Wright)

라스베이거스에서 남쪽으로 내려가면 더위의 끝판왕인 도시 피닉스Phoenix가 나온다. 도시 이름이 불사조인데 진짜 불사조처럼 타 죽을 듯 덥다. 도시 자체가 건식 사우나인 듯한 이런 더위는 정말 상상을 현실로 느낄 수 있는 기회인지도 모르겠다. 아무튼 여행하고 머물기에 쉽지 않은데, 이곳의 기후가 매우 건조해서 피부병과 관절염 등 질병이 적어 미국인 노후에 살기 좋은 도시 1위라고 한다. 엄청 더우니 카우보이 모자라도 하나 쓰고 찜질방 내부 유람하듯 다녀보자.

프랑크 로이드 라이트의 파라다이스인 탈리아신 웨스트Taliesin West는 건축으로도 유명하고 건축학교로도 유명하다. 대초원 양식Prairie Style의 초원의 집이 이런 사막에 있다는 것이 조금 신기하다. 낮게 깔린 지붕과 수평성의 특징을 천천히 살펴보고 즐겨보자.

디바톨로 아키텍츠DeBartolo Architects가 설계한 빛의 기도관Prayer Pavilion of Light: Prayer Mountain은 드림 시티 교회Dream City Church 안에 있는 작은 채플이다. 단순한 기하학적 박스와 십자가가 전부인 채플이지만 야간에는 내부의 빛이 반투명한 건축을 통해서 뿜어져 나오는 장면이 매우 종교적이며 상징적이다. 의외로 사막 도시에서 종교의 공간은 강렬하게 다가온다.

빌 부르더 아키텍츠Will Bruder Architects의 버튼 바 중앙 도서관Burton Barr Central Library은 피닉스 도시 중심에 있는 도서관이다. 도시의 크기에 비하면 상대적으로 거대하게 느껴진다. 이 지역을 중심으로 활동하는 건축가 빌 부르더Will Bruder의 건축이다. 사막, 건조함, 바람,

버튼 바 중앙 도서관(Burton Barr Central Library)
_빌 부르더 아키텍츠(Will Bruder Architects)

강렬한 빛, 수평의 대지 등 이곳의 특성을 반영한 건축이 어떤 것인지 직접 확인해 보자.

빌 부르더 아키텍츠가 설계한 또 하나의 대표 건축 작품이 디어 밸리 암각화 보호구역, 디어 밸리 록 아트 센터Deer Valley Petroglyph Preserve, Deer Valley Rock Art Center이다. 전시 공간 입구에서부터 내부까지 사용한 코르텐강과 음각으로 새겨진 사슴의 형태는 세련되면서도 귀엽다. 스페인에서도 자주 사용하는 건축 재료인 코르텐강은 이곳 사막과도 잘 어울리는 듯하다. 무더위도 피하면서 이 지방의 특정한 특성을 제대로 전시한 공간을 편하게 둘러 볼 수 있는 곳이다.

피닉스에서 조금 더 남쪽으로 가면 온통 선인장으로 뒤덮인 산들이 나온다. 투산Tucson은 멕시코와 가까운 미국과 멕시코 국경, 경계의 도시이다. 그래서인지 자연의 풍경이 멕시코까지 계속 연속되어 연결된 듯 유사하다. 도시와 인간의 공간은 국가라는 경계로 단절되지만 아무리 높은 인공 벽을 설치한다 해도 자연 환경은 그렇지 않고 연속된다. 이 동네를 다니다보면 투산, 산타페 등 한국 자동차와 동일한 낯익은 이름의 도시들이 있다. 문득 왜 자동차에 그런 이름을 붙였을지 궁금해진다. 미국 도시 중 우리에게 익숙하지 않은 곳인데 자동차 이름 덕분인지 괜히 가깝게 느껴진다. 도시는 우리에게 낯설고 이국적인데 친근함이 생긴다.

미국에서도 남쪽의 자연환경은 다른 곳과 달리 매우 독특하다. 사와로 국립공원Saguaro National Park은 선인장 숲이다. 산에 있는 나무가 선인장이라니, 한국에서는 이런 자연의 풍경을 전혀 상상 못하는데 그 상상이 현실이 된다. 다양한 종류의 선인장이 지천에 널려 있는데 그 중에서도 나무처럼 최대 12m까지 큰다는 키가 크고 주변으로 가지가 뻗은 사와로 품종의 선인장이 중심이다. 이곳을 지나서 더 내려가면 멕시코에 닿는다.

PART 03

오래된 미래의 특별시

COFFEE

Chapter 09

역사와 함께하는 현대건축

홍콩은 적어도 가난함이 도시에서 자리를 잡아야 하는 상황인 듯 나름대로 각자의 공간을 형성한다. 숨 막히는 듯한 작은 공간들이 모여 거대한 공동주택이 되고 시간이 지나면서 삶이 겹쳐져서 세월의 옷을 입고도 꿋꿋하게 자신을 드러낸다.

- 타이중(Taichung)과 타이난(Tainan)
  현대건축의 상호의존성
- 가오슝(Kaohsiung)
  전형적인 건축구조에서 벗어나 보자
- 베이징(Beijing)과 선양(Shenyang)
  명청시대 황궁과 붉은 담
- 홍콩(Hong Kong)과 마카오(Macao)
  뭐든 모이면 뭔가가 된다

타이중(Taichung)과 타이난(Tainan), 대만(Taiwan)

현대건축의 상호의존성

타이난 시 미술관 2관(Tainan Art Museum Building 2)
_시게루 반(Shigeru Ban)

크기로 본다면 대만의 중심도시는 북쪽의 타이베이이지만 중부와 남부 도시들의 현대건축은 전 세계 그 어디보다도 현대건축에서 최첨단의 건축설계 디자인을 보여준다. 작은 도시라고 디자인도 작지 않다. 오히려 더 적극적이고 과감하게 펼쳐나간다. 결국, 건축은 설계하는 건축가의 능력도 중요하지만, 그와 함께 건축 디자인 능력을 알아봐 주고 펼칠 수 있게 기회를 만드는 지역공동체의 작품이다. 그렇기 때문에 일반 대중도 건축에 대해 알아야 한다. 평소에도 건축 디자인에 관심을 가지고 우리가 사는 도시에 대해 미학적으로 판단할 수 있는 지적 능력을 겸비해야 할 것이다.

타이완의 중부도시 타이중Taichung은 토요 이토Toyo Ito가 설계한 국립오페라극장National Taichung Theater만으로도 가볼 가치가 있다. 전체적인 형태는 단순한 직육면체인데 군데군데 부정형의 공간들이 틈새를 채우고 있는 것이 마치 페스츄리나 스위스 치즈와 같다. 내·외부 구조는 기둥과 내력벽이 구분이 안 되는 상태로 하나가 되어 바닥에서 지붕까지 이어져 곡선으로 이루어진 부정형의 공간을 만들어 내고 있다. 기존의 벽 자체가 구조를 받치는 내력벽으로부터 공간을 해방시킨 근대건축에서 바닥 슬라브와 기둥의 존재가 절대적이었다면 이제 현대건축은 그마저 사라지게 하려고 한다. 각 건축 구조체의 상호의존성이 이제 사라지고 기둥과 바닥과 슬라브는 하나가 되었다. 이곳에 가면 공간과 구조와 사람이 한 덩어리가 되어 마치 스펀지처럼 명확히 구분할 수 없는 통합된 건축을 맛볼 수 있다.

타이완 중부의 타이중에서 최남단 가오슝으로 가는 사이에 타이난Tainan이란 도시가 있다. 크지 않은 도시를 걷다 보면 중국 전통 건축의 공자와 유비의 사당에서부터 최첨단 현대건축까지 다양한 도시 풍경을 도시 안에서 한꺼번에 다 만날 수 있다. 타이난시 미술관 1관 Tainan Art Museum Building 1은 일본 점령 기간 이후 타이난시 경찰서로 사용되었다가 2018년 옆 건물을 증축한 건물이다. 중정을 중심으로 기존의 근대 건축을 그대로 살리고 오래된 건물에서 나오는 그 따뜻한 느낌을 유지했다. 1관 근처에는 2019년에 시게루 반Shigeru Ban이 설계한 타이난 시 미술관 2관Tainan Art Museum Building 2이 있다. 전시공간으로 사용하는 하얀 박스들을 쌓고 프랙탈 구조 중 코흐 삼각형을 이용한 커다란 금속 지붕으로 햇빛을 조절하며 내·외부 아트리움에 삼각형의 별 그림자가 떨어지는 새로운 공간을 만들었다. 복잡계 이론의 대표적인 기하학을 이용하여 최고의 현상학적 공간을 창조한 것이다. 한순간도 같은 경험을 하지 않는 공간은 마치 발을 담갔던 흐르는 강물과도 같은 심오한 철학적 혜안을 안겨준다.

가오슝(Kaohsiung) 대만(Taiwan)

전형적인 건축구조에서 벗어나 보자

타이완 국립가오슝아트센터(National Kaohsiung Center for the Arts)
_메카누(Mecanoo)

타이완 국립가오슝아트센터(National Kaohsiung Center for the Arts)
외부공간_메카누(Mecanoo)

대만의 현대건축 하이라이트는 바로 가오슝이다. 한국과 지리적, 사회적으로 비교하면 타이베이는 서울과, 가오슝은 부산과 비교될 듯하다. 이 크지 않은 도시 곳곳에 최첨단의 현대건축이 꽃 피고 있다. 가오슝 중앙역과 광장도 한창 공사 중이다. 얼마 공사하는 역사 벽에 걸려있는 조감도로 지나지 않으면 놀라운 공간이 되리라는 것을 알 수 있다. 미래의 중앙 광장을 뒤로하고 현재 가오슝을 대표하는 현대건축을 보러 간다.

메카누Mecanoo 건축사무소는 대만 최남단 도시 가오슝Kaohsiung의 타이완 국립가오슝아트센터National Kaohsiung Center for the Arts를 설계했다. 더운 아시아 남쪽 지역의 대표적 나무인 반얀트리가 만들어 내는 빈 사이공간을 형상화했다는 그들의 설명은 오히려 전체 설계 디자인을 설명하기에는 약해 보인다. 그보다는 기존의 전형적인 건축구조에서 탈피하여 새로운 공간을 만들어 냈다는 사실에 더 주목하여야 한다. 거대한 판을 이용하는 이면에는 구조가 디자인에 중요한 역할을 한다. 가오슝아트센터 외부에서 보이는 엄청난 구조체는 철골과 철근 콘크리트가 건축물 바닥에서부터 솟구쳐 나와 벽체의 역할을 하고 지붕까지 연장되고 캔틸레버Cantilever로 마무리하게 된다. 구조체 사이의 중심공간은 다양한 공연장과 필요한 서비스 공간으로 사용하게 된다. 그리고 나머지 외부공간은 이용자가 자유롭게 다니는 동선이 되어 가오슝의 무더위를 피해 각 공연장을 다닐 수 있게 된다. 인공으로 만든 터널과도 같은 공간들, 그 속을 다니면서 문화를 흠뻑 즐기는 시간은 그 어떤 곳에서도 느낄 수 없는 문화 터널만의 시간이 된다.

국립가오슝아트센터에서 멀지 않은 곳에 MAYU architects+de Architekten Cie가 설계한 대동아트센터Dadong Art Center가 있다. 역사지구인 펑산지구FengShan와 연결되어 있으며, 공원과 강과 면하여 있다. 이곳은 네 곳의 극장, 전시공간, 도서관, 교육센터를 연결하는 외부공간을 가벼운 막구조Membrane를 이용하여 무더운 날씨를 조절하면서도 막구조 중심은 뚫어놓아 비나 바람의 환기구 역할을 원활하게 하였다. 일 년 내내 날씨가 덥고 태풍이나 장마로 인한 자연현상을 이용하기 위해 적절한 건축 디자인을 구사하였다. 노출콘크리트의 무거움은 외부공간의 막구조로 인하여 숨을 쉬게 되었다. 건축은 기후와 밀접하다. 그리고 기후에 맞춰 사는 사람들의 생활방식의 표현 결과이다. 무더위와 추위가 사계절로 명확한 한국에 비해 일 년 동안 거의

대동아트센터(Dadong Art Center)_MAYU architects+de Architekten Cie

온도 변화가 없어 이곳에 사는 사람의 삶도 다를 것이다. 건축가는 그에 맞는 건축 디자인, 건축 재료, 공간구성을 고민하고 시각화하여야 한다. 가오슝은 그런 섬세한 건축가의 손길이 잘 닿아 있음을 느낀다.

베이징(Beijing)과 선양(Shenyang), 중국(China)

명청시대 황궁과 붉은 담

베이징 고북수진

대륙이란 단어는 연속적인 대규모의 육지나 커다란 땅이라는 단어 자체의 의미도 있지만, 우리와는 다른 스케일로 생활양식과 사고가 지배할 것 같은 느낌이 있다. 실제로 웬만해서는 비교급의 형용사가 통하지 않는 곳이기도 하다. 그렇지만 우리와는 완전히 다른 그래서 전혀 이해할 수 없는 곳은 아니다. 언어, 환경, 우리의 생각과 다른 생활양식 등 조금의 불편함을 받아들이면 그들의 역사만큼 축적된 건축과 도시공간에 관한 재미있고 특이한 경험을 할 수 있다. 상상 그 이상의 일들이 벌어지는 곳을 직접 확인해 보자.

베르나르도 베르톨루치Bernardo Bertolucci 감독의 영화 마지막 황제에서 나온 어린 푸이가 하늘을 뒤덮은 노란천을 향해 뛰어가던 장면을 잊을 수 없다. 또 사방이 붉은 담으로 끝없이 막힌 자금성의 공간도 잊혀지지 않는다. 마지막 황제가 떠난 후 이제 베이징의 자금성은 박물관이다. 누구나 가볼 수 있는 공공의 공간에 가보면 규모에 놀라고 몰린 관람객 숫자에 놀란다. 중국에는 베이징의 자금성 말고 또 하나의 왕국이 있다. 바로 선양의 궁이다. 이곳은 북경 자금성과 같은 명청시대 궁이지만 방문객은 적다. 자금성과 유사한 곳도 있고 다른 공간도 있다. 하지만 주변의 붉은 담은 똑같고 담만으로도 이곳이 어떤 곳인지 충분히 느껴진다. 혹시 겨울날 매서운 추위 속에 가로수 나뭇잎은 모두 떨어지고 앙상한 나뭇가지 그림자만 붉은 담에 비칠 때 방문한다면 영화 속 황제의 참담함을 약간이라도 공유할 수 있으리라.

북경은 내가 아는 공간의 스케일과 다르다. 한번은 시내에서 지하철을 잘못 내려 한 정거장 걸으면서 후회했다. 이곳의 한 정거장은 서울에서 3개 정도의 거리인 듯하다. 북경의 건축물 규모도 상상 이상이다. 건물 하나가 도시의 한 블록인 경우도 허다하다. 건축이 건축의 스케일을 벗어나 건축 속에 도시의 스케일이 담긴다. 이러면 건축을 설계하는데 건축설계가 아니라 도시를 계획하는 셈이다. 북경 왕징 코리아타운 한복판에 마치 산봉우리 같은 현대건축이 들어섰다. 자하 하디드의 왕징 소호Soho다. 베이징 곳곳에 만들어진 소호는 모두 다 이렇게 대형화된 건축이다. 도시의 블록 하나가 소호 건물 하나다. 비가 거의 오지 않는 북경의 건물들이 빛바랜 것처럼 왕징 소호도 황사와 먼지가 쌓여 오래되어 보인다. 그렇게 현대건축은 도시에 안착한다.

베이징 왕징 소호(Soho)_자하 하디드(Zaha Hadid)

홍콩(Hong Kong)과 마카오(Macao), 중국(China)

뭐든 모이면 뭔가가 된다

홍콩 익청맨션(Yick Cheong Building)

홍콩은 두 얼굴의 야누스와 같다. 낮과 밤, 현대건축과 이름 없는 폐허와 같은 건물, 세련된 사람들과 가난한 사람들, 동양과 서양의 문화. 동양의 땅에 접목된 서양의 문화는 제대로 혼합되어 홍콩만의 새로운 문화로 거듭났다. 땅이 모자라 건물은 고층화되었고, 낮은 너무 무더워 밤을 중심으로 활동하다 보니 야경이 만들어졌고, 모든 사람이 같이 살아야 하니 1평 남짓한 창도 없는 방도 만들어졌다. 우리의 상식에서는 이해하지 못하는 것도 이곳에서는 당연한 듯 받아들여진다.

홍콩은 적어도 경제적 빈곤이 도시에서 자리를 잡아야 하는 상황인 듯 나름대로 각자의 공간을 형성한다. 숨 막히는 듯한 작은 공간들이 모여 생각할 수 없을 정도의 거대한 공동주택이 되고 시간이 지나면서 도시인의 삶이 겹쳐져서 세월의 옷을 입고도 꿋꿋하게 자신을 드러낸다. 한국은 15년이 지나면 리모델링을, 30~40년이 지나면 재건축을 통해서 건물의 가치와 경제적 이득을 맞바꾸려 한다. 그래서 한국은 오래된 건축물이 살아남기 힘들다. 그러면서 유럽의 몇 백 년 된 건축을 보러 간다. 홍콩도 새로 짓는 것이 좋음에도 불구하고 경제적인 이유로 못하는 예도 있겠지만, 어떤 이유에서든 시간성을 보여주는 도시인의 삶의 공간은 그 자체로 어디든 아름답다는 사실을 보여준다.

그 사례가 바로 이곳, 2층 버스, 트램, 스타페리를 타고 거리를 다니다 만나는 익청맨션Yick Cheong Building이다. 이 건물을 보는 순간 느껴지는 것은 폐허미라고 해야 할 정도의 독특한 분위기이다. 이제는 너무 많은 방문객들로 인해 유명세를 치르다 보니 더 이상 개방하지 않는다.

마카오는 기존의 아편과 도박의 도시에서 현대적인 컨벤션으로 전환하면서 도시의 이미지가 많이 바뀌었다. 이제 마카오는 겉에서 보는 것보다 훨씬 동양적 낭만과 함께 포르투갈의 영향으로 아시아 그 어디와도 비교할 수 없이 색다른 공간이 많은 도시가 되었다. 마카오 하면 떠오르는 랜드마크인 세인트폴 성당 유적Ruins of St. Paul's은 누구나 다 아는 곳이다. 사진 열심히 찍는 연인들과 관광객을 피해 느긋하게 계단 옆 그늘에 앉아있으면 남중국해 바다와 포르투갈 식민지 역사와 매케니즈 음식Macanese Food이 뒤섞인 특유의 향이 날아와 내 코끝을 자극한다. 마카오는 동양의 라스베이거스로 비교하는 경우가 많다. 겉으로 보면 그렇다. 그런데 속으로 걸어 들어가 보면 마카오는 마카오다. 그 어떤 도시와도 비교할 수 없는 특별한 도시이다. 중국의 문화와 서양의 문화가 모이고, 아편과 도박이 모여 마카오만의 문화 도시가 만들어졌다. 뭐든 모이면 뭔가가 된다.

마카오 도시 풍경

Chapter 10

역사 속 현대건축

오래된 유적을 관람자 마음대로 알아서 보고 느끼게 하는 방식과 공간의 구성은 다른 어디에도 없을 것이다. 빛과 그림자가 형성하는 공간감과 적절한 거리감에서 오감으로 인지하는 유적은 대형 유명 박물관의 자랑스러운 듯 전시하는 유적보다 훨씬 더 마음에 다가오게 된다.

- 밀라노(Milano)
  건축 디테일(Detail)로 가득한 공간
- 로마(Rome)
  주변 맥락을 배려한 현대건축
- 베를린(Berlin)
  애도의 공간을 디자인하다
- 쾰른(Koln)
  폐허를 밝히는 빛
- 파리(Paris)
  낭만의 거리를 걸어본다

밀라노(Milano), 이탈리아(Italy)
건축 디테일(Detail)로 가득한 공간

갤러리아 비토리오 에마누엘레 2세(Galleria Vittorio Emanuele II) 아케이드 주변 폴리(Folly)

이탈리아는 로마시대부터 오래된 역사로 인하여 건축과 도시 유적이 많아 새로운 현대 건축보다는 전통 건축이 압도적으로 많다. 그러나 남부에 비하면 북부 지역은 패션과 제조업의 발달로 그에 따른 새로운 건축물이 기존의 유적 사이사이로 새싹 나듯이 만들어진다. 오래된 역사의 지층만큼이나 서로 극단적일 정도로 조각과 같은 장식으로 만들어진 고딕양식의 성당에서부터 신고전주의와 미니멀리즘의 숨은 디테일까지 밀라노는 건축 디테일로 가득한 도시다.

아마도 우리에게 유럽의 이미지는 도심 광장 중심의 거대한 고딕 성당일 것이다. 성당 하면 성당 전면부의 장미 창Rose Window이다. 파리의 노트르담Cathédrale Notre-Dame de Paris과 샤르트르Cathédrale Notre-Dame de Chartres 대성당도 유명하지만, 그에 못지않은 밀라노 두오모Duomo의 아름다움은 직접 보고 느껴봐야 한다. 실제로 백색의 대리석을 한 땀 한 땀 조각해서 그 거대한 공간을 만든 것 같이 두오모는 어느 한 곳도 빈틈없이 디테일로 가득하다. 대성당을 만나는 시간에 구름도 장미 창과 비슷한 형태로 하늘에 수를 놓아 두오모에서의 감동은 배가 된다. 아름다움 그 자체다. 백색 대리석의 매끄러움은 아름다운 로마 시대 조각상과 같고 밤에는 창백할 정도로 찬란하게 도시를 밝힌다.

밀라노 두오모 옆에는 근대사회의 대표적 거리인 갤러리아 비토리오 에마누엘레 2세Galleria Vittorio Emanuele II 아케이드가 있다. 이곳은 명품으로도 유명하고 건축으로도 유명하다. 천정을 막은 외부공간이란 뜻의 아케이드Arcade 개념을 명확하게 체험할 수 있는 곳이다. 다른 유

밀라노(Milano) 두오모(Duomo)

럽 도시의 아케이드는 좁고 낮고 혼잡한 데 비해서 이곳은 규모가 상당하다. 건너편 두오모와는 다른 종류의 장식과 디테일로 가득하다. 시대에 따라 건축 용도에 따라 다른 디테일이지만 건축물마다 디테일로 가득한 것은 동일하다. 그래서 도심 중심부의 광장이 필요한 지도 모르겠다. 너무 가득 차 있어 멀미가 날 정도의 압박감에 숨을 쉬어야 할 공간을 광장에서 찾게 된다. 주변을 다니다 보니 건물 사이의 작은 틈새에 경쾌한 현대식 디자인의 폴리Folly 같은 건축적 장치가 보인다. 간단하지만 위에서 비치는 햇빛을 적절히 가리면서 주변과 차별화도 되면서 분위기를 만들어 내는 이탈리아인들의 단순하지만 효과적인 디자인이 놀랍다.

밀라노의 북쪽에는 전시관 및 무역 센터인 피에라 밀라노Fiera

Milano라는 유리와 철골로 만든 현대건축이 자리 잡고 있다. 건축가 마시밀리아노 후쿠사스Massimiliano Fuksas가 설계한 거대한 규모의 건축물은 도심의 디테일과는 완전히 다른 새로운 디테일로 가득하다.

로마(Roma), 이탈리아(Italy)
주변 맥락을 배려한 현대건축

로마(Roma) 구도심 골목

로마는 그야말로 도시 전체가 유적이고 유네스코 세계유산으로 가득하다. 도시를 여행하면 골목마다 최소 몇 백 년에서 몇 천 년까지의 시간여행을 하게 된다. 그런데 그렇게 다니다보면 계속 같은 건축물과 도시 분위기에 살짝 지루하게 느껴진다. 역사상 가장 유명한 건축물들을 직접 대면한다는 것은 매우 의미 있는 일이지만 너무 많은 건축물과 유명세에 질릴 수밖에 없다. 로마는 특히 그렇다. 도심의 고색창연한 곳을 보고나면 새로운 건축이 어디에 있는지 찾아본다. 대부분의 도시 개발이 그렇듯 도시의 외곽에 좋은 근현대건축이 숨어 있다.

로마 북쪽 올림픽 경기장 근처에는 현대건축이 들어서 있다. 자하 하디드가 설계한 국립로마현대미술관MAXXI-Museo Nazionale delle Arti del XXI Secolo과 렌조 피아노가 설계한 파르코 델라 뮤지카 오디토리움Parco della Musica Auditorium이 대표적이다. 규모도 상당하고 공간구성도 매우 좋고 각 건축가의 대표작이라 할 정도의 디자인 완성도도 매우 높다. 주변에는 콘크리트 구조체가 노출된 아름다운 경기장인 팔라체토 델로 스포르트Palazzetto dello Sport도 있다. 이탈리아 모더니즘과 연결된 구조는 피에르 루이기 네르비Pier Luigi Nervi와 안니발레 비텔로치Annibale Vitellozzi의 작품이다. 구조적인 일관성에서 기인하는 아름다움을 확인할 기회이다. 이렇게 강한 개성을 가진 근대건축과 현대건축은 오래된 역사적 장소인 로마의 중심에서는 벗어나 있지만 나름대로 로마 대도시권을 형성하는 데 일조를 하고 있다. 기존의 도시라는 맥락을 파악하고 기능적이며 서로 조화를 이루어 도시를 지속적으로 새롭게 만들어 나간다는 것은 어쩌면 당연하게 들리겠지만 의외로 실천하기 어렵고 많은 도시는 실패했다. 로마가면 콜로세움, 판테온, 바티칸

로마(Roma) 판테온(Pantheon)

만 돌아보지 말고 그들을 잘 유지할 수 있게 도시의 주변에서 각자의 역할을 하고 있는 현대건축에도 눈길을 주길 바란다. 로마의 모든 건축은 우리가 아는 유명한 건축물들 못지않게 멋지기 때문이다.

로마 외곽에 있는 미국 유대인 건축가인 리처드 마이어Richard Meier의 주빌리 교회The Jubilee Church는 성당의 나라이자 가톨릭의 본거지에 마치 완전히 새로운 교회가 들어선 모습이다. 거대한 공간을 자랑하는 고딕 양식의 대성당의 모습에 익숙한 눈에는 많이 낯설다. 그러나 흰색의 세련된 공간구성을 자랑하는 건축가는 도로 옆 언덕 위에 흰색의 꽃과 같은 우아한 공간을 만들어 냈다. 기차를 타고 로마 외곽으로 가서 시골길을 걸어가다 마주치는 교회는 예상한 것과 다르게 주변의 건물과 맥락을 고려해야 할 정도로 베드타운에 있다. 반복

로마(Roma) 도시 풍경

된 곡선에 의한 형태의 구성은 주변 건물들의 반복성과 계단처럼 커지는 주변을 닮으려 하고 그로 인하여 그 어떤 다른 교회보다도 주변과 손을 잡고 그들의 삶에 스며든 듯하다.

베를린(Berlin), 독일(Germany)

애도의 공간을 디자인하다

유대인 박물관(Jewish Museum)_다니엘 리베스킨트(Daniel Libeskind)

독일은 인류 역사상 가장 비극적인 전쟁과 폐허와 재건과 애도의 땅이다. 애도의 공간을 일상의 공간과 접목하려는 건축가들의 노력이 엿보인다. 근대역사의 반성과 흔적을 잊지 않으려는 노력도 있지만, 그보다 더 오래된 역사도 최대한 보존하려고 애쓴다. 도시에 전쟁과 역사의 흔적을 없애지 않고 일상에서도 인식하려는 공간을 만들어 낸다. 도시의 공공공간은 애도의 장소로 채워졌다. 이곳에서 건축은 마치 전범처럼 자신이 역사에 이용당한 것을 반성이라도 하듯이 묵묵히 성실하게 도시와 사람에게 움직임과 빛의 공간구성을 이용하여 장소성과 역사적 사실의 속살을 드러내게 도와준다.

이념에 의해 지리적 경계를 설정하고 그 결정에 따라야 하는 삶은 아무리 시대의 상황이라고 해도 개인에 미치는 영향은 너무나 크다. 그러나 베를린이라는 현실의 도시는 예상과는 다르게 전쟁의 폐허 위에 새로운 건축과 공간을 만들고 있다. 베를린의 이념과 지리적 경계는 우리와 같은 비무장지대Demilitarized Zone(DMZ)로 연상되는 절대적 경계가 아니다. 새로운 현대건축이 즐비하고 최첨단의 건축물 사이에 역사를 기리는 추모의 공간들이 많다. 그들만의 애도 방법은 특정한 시간과 장소에 제사를 지내는 우리와 다르게 도시의 일상에서 찾는듯 하다.

베를린의 대표적인 애도의 공간은 피터 아이젠만Peter Eisenman의 홀로코스트 기념공원Holocaust Memorial이다. 도심의 광장에 단 하나의 모티브인 죽은 자들을 위한 관을 연상하게 하는 단순한 직육면체 매스의 반복이 펼쳐진다. 하나도 같지 않은 낮고 작은 것에서부터 사람 키를 훌쩍 넘는 것까지 펼쳐져 있다. 자연대지의 광장 바닥은 작은 돌들로 포장되어 있는데 평평하지 않고 지속해서 수직적인 변화를 주었다. 관과 같은 사회적 의미를 부여한 조각난 조형물이 그 위로 배치되면서 무한히 확장된다. 사람들은 서로 다른 대지의 사이를 다니면서 맥락을 파악하고 직접 추모를 한다. 처음엔 호기심으로 그곳을 들어가더라도 내부를 돌아다니다 보면 애도의 공간에 의해 추모와 역사와 인류를 생각하게 한다.

베를린의 또 다른 애도 공간은 다니엘 리베스킨트의 유대인 박물관Jewish Museum이다. 기존의 전통적인 박물관 옆에 전혀 다른 현대건축의 박물관을 세웠다. 기다란 외부건축 형태는 설계 초기에 베를린이라는 도시 공간에서 유대인과 관련된 역사적 공간을 축으로 이어서 형태를 완성했다. 즉 박물관 자체가 도시에서 유대인 역사의 축소판을 형상화한 것이다. 건축가 특유의 건축어휘와 장치를 통하여 추모의 분위기를 끌어내는 현상학적 공간을 창조해 냈다.

쾰른(Köln), 독일(Germany)

폐허를 밝히는 빛

쾰른 대성당(Köln Dom)

도시의 역사는 시간에 따른 결과물이기 때문에 지층으로 쌓인다. 그러나 모든 도시가 동일한 지층을 가지는 것은 아니다. 도시의 특별함은 서로 다른 지층의 영향력의 발현일 것이다. 이러한 특별함을 알리고 이해시키고 도시의 정체성으로 인정하게 하는 여러 가지 노력 중 가장 대표적인 공간이 박물관일 것이다. 도시마다 수많은 박물관과 전시공간이 있다. 그러나 각자의 전시공간은 의도도 공간도 전시 결과도 다 다르다. 정보의 전달이 목표일 수도 있고 강요된 시각적 교육의 방법일 수도 있다. 어떤 방법이 효과적인지 아니면 효율성이 계산되지 않는 것이 오히려 더 효율적인지 다양한 고민들이 건축의 공간에 담겨 있다. 그리고 그 결과로 나타나는 건축의 공간은 그리 차별되지 않은 박물관의 전형과 유형을 만들어 내고 그에 따라 건축설계를 하는 경우가 많다.

그러나 쾰른Köln의 콜롬바 박물관Kolumba Museum은 지금과는 조금 색다른 공간이다. 도시 한복판에 오래된 로마 시대 폐허의 장소에 설계된 박물관은 그 지층 아래의 역사를 오롯이 떠안고 있어야 하는 숙명인데 그 과업을 건축가 피터 줌터Peter Zumthor는 내부를 벽돌로 막고 한쪽 벽을 느슨하게 막아 햇빛과 외부에 있는 나무들이 바람이 불 때마다 흔들리는 바람과 그림자를 끌어들여서 상상하기 어려운 공간을 만들어 냈다. 서울 도심부 종로가 재개발하면서 나오는 유적 보존의 방법이 대부분 박물관에 옮기고 흔적만 남기거나 현장 보존의 경우 유리를 이용해 시각적 체험을 유도했다면 이곳은 폐허 안으로 걸어 들어가 자연과 교류하면서 역사의 지층을 온몸으로 느끼게 해준다. 역사의 지층을 보존하고 새로운 지층을 만들어 도시의 미래까지 예측해 보고 고민한 흔적이 박물관 구석구석에 담겨있다.

이와 유사한 박물관을 스위스 쿠어Chur에서 만날 수 있다. 피터 줌터가 설계한 로마 유적 보호소Shelter for Roman Ruins이다. 누구는 '시간을 이어주는 건축이다', '이 정도면 영험의 수준이다'라고 극찬을 한다. 이곳은 방문하는 사람이 많지 않아서인지 운영도 신분증 맡기고 관람자 본인이 키를 가져다가 돌아보는 방식이다. 전시공간의 수준에서는 최상의 레벨이 아닐까 싶다. 오래된 유적을 관람자 마음대로 알아서 보고 느끼게 하는 방식과 공간의 구성은 다른 어디에도 없을 것이다. 빛과 그림자가 형성하는 공간감과 적절한 거리감에서 오감으로 인지하는 유적은 대형 유명 박물관의 자랑스러운 듯 전시하는 유적보다 훨씬 더 마음에 다가오게 된다.

파리(Paris), 프랑스(France)
낭만의 거리를 걸어본다

파리(Paris)의 야경

센 강, 바토 뮤슈, 오르세, 오랑주리, 모네의 도시 파리. 그러나 파리를 다녀온 사람들은 실망스럽다며 파리 증후군Paris Syndrome이 생길 만큼 이 도시의 낭만은 생각보다 다르다. 파리의 낭만은 확실히 일상에서 만든 상상의 높은 기대치에 따른 결과물인 듯하다. 파리를 다녀보면 중요한 것은 현실적으로 구현된 물리적 결과물보다는 사람의 머리와 손에서 나온 디자인인 듯싶다. 보이는 것 이면에는 보이지 않는 것이 있다.

프랑스는 톨레랑스Tolelance(관용)의 나라이다. 볼테르의 「관용론」과 자크 데리다의 「환대에 대하여」라는 책까지 언급하지 않더라도 파리에 가보면 다양한 사람들이 각자의 일상을 사는 모습을 볼 수 있다. 그래서 거리가 지저분한 것이 아닐까 싶다. 외국에서 받아 주지 않는 많은 사람이 파리로 몰려드니 말이다. 그래서 관용의 역설이 생기기도 한다. 장 누벨Jean Nouvel의 아랍 인스티튜트Arab World Institute는 그런 프랑스인의 관용을 보여주는 듯하다. 이곳은 유럽의 문화와 아랍의 문화가 현대건축어휘를 이용하여 절묘한 조합을 이룬 곳이다. 프랑스를 대표하는 건축가가 파리 시내에 아랍을 대표하는 패턴과 카메라 렌즈 형태로 햇빛을 조절하는 장치를 이용하여 현상학적 공간을 설계했다. 바깥 입구에서 보는 입면의 디자인도 아름답지만, 문화원 내부에 들어가서 카메라 렌즈처럼 움직이면서 빛을 조절해서 만들어 내는 공간을 직접 느껴보길 바란다.

도미니크 페로Dominique Perrault의 국립도서관Bibliothèque Nationale de France은 유리를 이용하여 거대한 규모의 책을 펼친 형태를 연상시

키는 기하학의 도서관을 만들어 냈다. 투명한 유리로 보이지 않는 지식의 공간을 걸으면서 근대사회를 형성한 가장 중요하지만 보이지 않는 권력이었던 지식과 그에 따른 신분의 사다리를 유리로 비유한 것처럼 느껴진다. 이 공간은 유리 책과 같은 지식의 담금질 공간으로 현대의 신데렐라가 탄생될 곳이다.

파리 시내는 5층 정도의 블록형 공동주택이 많다. 중앙의 아트리움은 공동으로 사용하고 외부로 각 세대의 창과 베란다가 위치할 수밖에 없다. 이럴 때 건축적 디자인으로 사적 공간의 침해나 채광의 불리함을 해결해야 하는데 헤르조그와 드뫼롱Herzog and de Meuron의 뤼 데 스위스Rue des Suisses의 공동주택은 바젤의 공공주택과 유사한 건축어휘를 이용하였다. 대신 이곳은 금속 타공판을 이용하여 반투명의 외피를 만들었다.

Chapter 11

도시의 정체성

유사하면서도 각 주의 정체성도 드러나는 독특한 미국 중부지역 도시의 전형이 만들어진다. 도시 자체는 크지 않아 도시 공간이 여유가 있으면서도 기능적으로 꼭 필요한 다양한 요소들을 중심으로 구성된다. 시내 중심에는 공공의 건축, 상업시설과 오피스를 중심으로 고층건축, 도시 정체성을 시각화하는 건축으로 구성되며 주변으로 갈수록 구성원들의 주거와 편의시설이 펼쳐진다.

- 세인트루이스(St. Louis)
  중부 도시의 정체성
- 아트 타운(Art Town)
  소도시 속 명품 미술관
- 뮤직 시티(Music City)
  음악을 위한 도시
- 워싱턴 D.C.(Washington D.C.)
  미국 전통 만들기
- 필라델피아(Philadelphia)
  미국 건축의 전형을 만들다

세인트루이스(St. Louis), 미주리(Missouri)

중부 도시의 정체성

더 게이트웨이 아치(The Gateway Arch)

미국의 중부지역은 도시마다 각자의 스토리가 있는 도시 공간이다. 광활한 주 지역의 면적에 비해 도시에는 인구가 많지 않아 행정, 경제, 사회적 중심의 역할이 각 주의 주도를 중심으로 이루어진다. 그러므로 유사하면서도 각 주의 정체성도 드러나는 독특한 미국 중부지역 도시의 전형이 만들어진다. 도시 자체는 크지 않아 도시 공간이 여유가 있으면서도 기능적으로 꼭 필요한 다양한 요소들을 중심으로 구성된다. 시내 중심에는 공공의 건축, 상업시설과 오피스를 중심으로 고층건축, 도시 정체성을 시각화하는 건축으로 구성되며 주변으로 갈수록 구성원들의 주거와 편의시설이 펼쳐진다. 여유 있는 도시의 삶이란 바로 이런 곳을 일컫는 것이 아닐까 싶다.

미주리Missouri 주 세인트루이스St. Louis는 서부개척시대에 서부의 관문으로 유명하다. 골드러시로 모든 사람들이 서부로 내달리던 시기에 어디부터 어디까지가 서부인지도 모르고 서쪽으로 달려갔을 것이리라. 모르는 곳을 가는 것만큼 걱정과 공포가 있을까? 그래서 우리는 표식을 정하고 지표를 만들고 지도를 그리는 것이리라. 미국 역사에서 가장 드라마틱한 시기의 표식, 그 표식이 바로 이 도시에 거대한 규모로 남아있다. 거대한 인공물인 더 게이트웨이 아치The Gateway Arch는 이곳을 기준으로 동부와 서부를 나누었다는 역사적 기록의 흔적으로 아직도 경계의 건축이라는 의미로 사용된다. 미국 서부 대표적인 국립공원인 아치스 국립공원Arches National Park의 인공적인 형태와 상징의 번안인 듯 느껴진다. 아치 내부의 엘리베이터를 타고 꼭대기 전망대에 올라가면 광활하게 펼쳐진 도시와 주변의 자연을 볼 수 있다. 서쪽으로 바라보면 여기부터 서부라는 느낌과 함께 저 멀리서 말을 타고 달

밀워키 미술관(Milwaukee Art Museum)
_산티아고 칼라트라바(Santiago Calatrava)

리는 카우보이와 인디언이 보일듯하다.

위스콘신Wisconsin 주 밀워키Milwaukee는 지리적으로 미국 중부라고 하지만 캐나다와 가까운 중북부에 위치한다. 오대호를 중심으로 하는 도시는 겨울이 매섭다. 눈도 엄청 온다. 눈 폭풍이라는 단어가 더 정확할 것이다. 이러한 겨울이라는 기후를 도시의 특성으로 만들려는 노력이 이 도시를 독특하게 만들었다. 눈에 갇혀 일주일을 지내는 것이 개인적인 꿈이지만, 이곳에서는 그런 낭만적인 상상은 금물이다. 겨울마다 엄청난 눈에 갇혀 삶이 위험해지는 상황이 벌어지기도 한다. 밀워키Milwaukee시는 저명한 건축과 문화공간을 이용하여 도시를 활성화하는 빌바오 효과Bilbao Effect를 시도하였다. 스페인 건축가인 산티아고 칼라트라바Santiago Calatrava는 구조체를 이용하여 독특한 형태와 세련된 공간을 만들어내는 건축가로 유명하다. 최고의 건축가, 과감한 투자, 안전한 도시와 행정 등 모든 조건이 구비되었지만 생각만큼 효과가 나타나지는 않았다. 결과에 비해 과도한 투자로 오히려 도시는 힘든 상황이 되었다. 그렇다고 해도 활짝 날개를 핀 것 같은 아름다운 구조미의 밀워키 미술관Milwaukee Art Museum은 도시의 상징이 되었다.

위스콘신 주 러신Racine에 위치하는 존슨 왁스 리서치 타워Johnson Wax Research Tower는 낮게 깔린 수평의 지붕들이 특징인 미국 주택의 전형을 만든 건축가 프랑크 로이드 라이트의 색다른 건축을 볼 수 있는 기회이다. 고층의 타워 형태는 기존의 건축과는 사뭇 달라 보인다. 그러나 자세히 보면 하나의 타워만 수직으로 높고 나머지 공간은 대지에 수평으로 넓게 펼쳐져 있다. 기능과 효율성의 공간과 수평의 공간이 적절하게 타협하면서도 건축가만의 건축 철학도 놓치지 않는 사례이다.

오하이오Ohio 주 중부 지역에 있는 콜럼버스Columbus는 이 도시만의 눈에 띠는 특별한 상징이나 특성이 없다. 그렇기에 오히려 중부 지역의 전형이라고 불릴 수 있는 도시가 아닐까 싶다. 이곳은 오하이오 주의 주도이며 정치, 행정의 중심지임과 동시에 상공업 중심지이다. 그리고 오하이오 주립 대학교가 자리한 도시이기도 하다. 어찌 보면 기존 도시계획의 결과로 나타나는 도시의 전형인데 또 다른 면에서 보면 명확한 정체성이 없어 보이기도 하다. 그런데 도시를 잘 살펴보면 놀라운 현대 건축이 숨어 있다. 근대건축에서 현대건축까지 미국의 건축가들은 나름대로 지역성과 새로운 건축의 개념을 만들어내면서 큰 의미가 있는 작업을 해왔다. 그중 미국 동부지역을 중심으로 활동하는

콜럼버스 컨벤션 센터(Greater Columbus Convention Center)
_피터 아이젠만(Peter Eisenman)

피터 아이젠만Peter Eisenman은 특별하다. 그는 건축과 현대 철학의 협업을 통해 현대 건축의 위상학과 해체주의를 바탕으로 다양한 개념의 작품을 선보인다. 콜럼버스 컨벤션 센터Greater Columbus Convention Center도 그 중 하나다. 낮고 넓은 공간이라 바로 인지하지 못할 수도 있지만 하나의 매스를 겹치고 이동시켜 만든 사이공간을 적극적으로 활용해서 완전히 새로운 형태를 만들어낸 사례이다. 웩스너 예술 센터Wexner Center for the Arts는 컬럼버스 내 피터 아이젠만의 또 다른 건축이다. 크지 않은 도시 내 피터 아이젠만의 걸출한 건축이 있다는 것만으로도 놀랄 만하다. 그만큼 건축가에 대한 기대와 설계 능력을 인정하고 있다는 의미일 것이다. 마치 정글짐처럼 단순한 3차원의 그리드 프레임을 바탕으로 다양한 공간과 형태가 연결되어 풍부한 공간감을 만들어낸다.

리틀록Little Rock은 아칸소Arkansas 주의 주도로 이전에는 인디언들의 영토였다. 크지 않은 도시는 주변과의 무역의 중심지로 성장하였다. 기존에는 하나의 주도로 크게 눈에 띠지 않았던 도시인데 클린턴 대통령에 의해 알려졌다. 폴섹 파트너십 아키텍츠Polshek Partnership Architects가 설계한 클린턴 도서관과 뮤지엄William J. Clinton Library and Museum은 미국 대통령 빌 클린턴을 기념하는 공간이다. 다양한 문서의 전시공간과 도서관은 아칸소 강 옆 현대건축에 의해 빛을 발한다. 단순한 직육면체의 건축 형태가 떠 있는 듯 넓은 공원에 배치되어 있고 옆으로는 강을 가로질러가는 오래된 철교가 놓여있다. 전형적인 미 중부지역의 도시처럼 느껴진다.

캔자스시티Kansas City는 미국 중부 미주리Missouri 주와 캔자스Kansas 주의 경계에 있는 독특한 도시이다. 행정구역은 미주리 주이지

캔자스시티 공립도서관(The Kansas City Public Library, Central Library)

만 미주리 강과 캔자스 강이 합류하는 지점에 위치한다. 도시의 동쪽은 미주리 주의 캔자스시티인데 서쪽으로 캔자스 주의 캔자스시티와 인접해 있다. 미국의 대표적 곡창지대이다. 도시의 중심을 지나다니면 건물 크기만큼 커다란 책이 진열되어 있는 풍경이 눈에 띈다. 그곳이 바로 캔자스시티 공립도서관The Kansas City Public Library, Central Library이다. 책이 책장에 꽂혀 있는 형태를 건물 외부 입면에 직접적으로 차용하였는데 오히려 그 장면이 특이하게 느껴진다. 책의 제목은 주민들의 투표로 선정하여 가장 인기 있는 책으로 구성하였다. 심지어 주차장 계단은 책, 차고 벽은 책 등뼈이며, 지하실 금고에 영화가 보관되어 있을 정도로 도서관을 말 그대로 단어 그 자체로 해석한 공간이다.

아트 타운(Art Town), 중부(Central United States)

소도시 속 명품 미술관

애크런 미술관(Akron Art Museum)_쿱 힘멜브라우(Coop Himmelb(l)au)

작은 도시의 매력은 아마도 어디에서나 도시의 중심을 편하게 접근할 수 있고 여유 있게 걷다보면 눈에 띄는 관심거리가 나타나고 그런 독특한 건축과 장소들이 멀지 않고 서로 가까이에 있다는 것이 아닐까 싶다. 미국 중부의 많은 도시들이 가지는 유사한 특징 중 하나는 도시의 중심부에 있는 공공건축, 특히 미술관이 예사롭지 않다는 것이다. 미국 중부 이름도 모르는 작은 도시라도 도시마다 소장한 명품 미술관을 방문하는 것으로도 도시여행을 할 만한 충분한 가치가 있을 것이다.

미니애폴리스Minneapolis는 미국 미네소타Minnesota 주 최대의 도시이다. 미네소타 주 주도인 세인트폴St. Paul과 맞닿아 있어 기능적으로 일체가 된 도시를 형성하여 쌍둥이 도시라 불린다. 도시가 미시시피 강을 끼고 발달하여 경치가 좋으며 교통의 요충지이다. 미니애폴리스는 세계 최대 곡물 집산지 중 하나이다. 미니애폴리스 도심에서 미시시피 강 좌측에 한쪽은 다양한 미디어를 이용한 현대미술의 전시공간인 워커 아트 센터Walker Art Center가 위치한다. 현상학적 건축을 대표하는 스위스 건축가인 헤르조그와 드뫼롱Herzog and de Meuron의 건축 작품이다. 다양한 건축 재료를 이용한 단순한 박스들이 펼쳐져 있고 주변 외부공간은 조각공원이 위치한다. 현상학 건축과 재료를 이용하여 현대건축의 공간을 설계하는 스위스 건축가의 건축을 살펴볼 수 있다.

대번포트Davenport는 아이오와Iowa 주 동쪽의 미시시피 강 연안에 위치한다. 일리노이 주와 접하며, 강 연안 주변의 여러 도시와 함께

한 도시권을 이루고 있다. 아이오와 주도인 디모인Des Moines과 일리노이 주 시카고의 중간지점에 위치하고 미시시피 강을 이용할 수 있어서 지역 일대의 중요한 교역 중심지이다. 피기 아트 뮤지엄Figge Art Museum은 영국의 저명한 건축가인 데이비드 치퍼필드David Chipperfield의 건축 작품이다. 데이비드 치퍼필드는 서울시의 용산에도 루버로 만든 중앙 보이드의 단순한 기하학적 건축물을 설계했다. 이곳의 미술관은 유리를 이용한 단순한 형태의 반투명한 매스인데 주변의 고색창연한 도시와 대비되는 독특한 분위기를 형성한다. 미술관 컬렉션 중 프랑크 로이드 라이트 컬렉션이 유명하다.

털리도Toledo는 미국 중서부 오하이오Ohio 주 서북부, 이리 호Lake Erie의 서쪽 끝에 위치하는 항구 도시이다. 미시간 주와 오하이오 주의

피기 아트 뮤지엄(Figge Art Museum)
_데이비드 치퍼필드(David Chipperfield)

경계 지대로 오대호의 수운과 각종 공업의 발달로 주요 공업도시가 되었다. 다양한 공업 중 가장 유명한 것이 유리 공업이다. 19세기 후반 이곳에 유리 제조 기술이 도입된 후, 전 세계의 유리 공업의 중심지로 명성을 떨쳤고 이로 인하여 유리의 도시The Glass City라고 불린다. 글래스 파빌리온Glass Pavilion, Toledo Museum of Art은 유리로 만든 전시 공간 파빌리온Pavilion이다. 내부에 5,000여 개 유리로 만든 작품이 전시되어 있다. 일본 건축가인 SANAA가 설계했는데 유리를 이용하여 투명하고 가벼운 건축을 하는 것으로 유명하다. 이곳은 건축가의 설계 정체성, 유리공업으로 유명한 지역성, 그리고 유리로 만든 예술 작품의 전시공간이라는 특성이 잘 맞아 떨어져서 미국 내 갤러리 중에서도 독특한 위상을 갖는다.

애크런Akron은 오하이오Ohio 주 북동부의 공업도시이다. 기후는 대체로 추운 편으로 11월 초부터 4월 초까지의 긴 기간 동안 눈이 내린다. 이곳에서 창업한 굿이어 타이어 & 러버를 시초로 굿리치, 파이어스톤, 제너럴 타이어 등의 대규모 타이어 메이커의 공장과 연구소가 위치해 고무관련 사업으로는 세계적인 규모를 이루고 있다. 애크런 미술관Akron Art Museum은 도심에 있는 해체주의 현대건축의 전시공간이다. 금속 매스, 사선의 유리 입구 공간, 거대한 캔틸레버의 지붕이 서로 엮여 있어 독특한 분위기를 형성한다. 건축의 기본 요소를 해체하고 재조합하면서 만들어 내는 새로운 공간을 살펴보는 것만으로도 방문의 가치가 있다. 부산 영화의 전당을 설계한 오스트리아 건축가 쿱 힘멜브라우Coop Himmelb(l)au의 작품이다. 이름도 익숙하지 않은 이 작은 도시에 세계적 건축의 거장이자 최신의 해체주의적 현대건축의 미술관이 있다는 것 자체가 놀랍다. 부산의 복잡하고 초고층의 건축물로 가득 찬 도시 속 해체주의 건축과는 매우 상반된 자연 속 해체주의 건축이 보여주는 풍경은 유사한 건축적 어휘라도 사뭇 다른 분위기를 만든다.

신시내티Cincinnati는 미국 오하이오Ohio 주 남서부에 있는 도시이다. 오하이오 강을 사이에 두고 켄터키 주와 다리로 연결되어 있다. 미술과 음악의 중심이며, 문화적, 교육적 시설이 많다. 현대미술관Contemporary Arts Center에서는 세계적인 여성 현대건축가의 대표라 할 수 있는 자하 하디드Zaha Hadid의 전시공간을 살펴 볼 수 있다. 도심의 한정된 공간에 수직적으로 필요 공간을 만들어 내는 사이트의 상황으로 기존 건축가의 전매특허와 같은 수평성의 예각과 매끈한 외피의 건축과는 사뭇 다른 공간이다. 그렇지만 나눠진 매스들이 조합되면서 주변의 건축물과는 또 다른 도심의 독특한 건축물을 형성한다.

뮤직 시티(Music City), 중부(Central United States)

음악을 위한 도시

엘비스 프레슬리의 멤피스(Elvis Presley's Memphis)

미국만의 음악과 그에 관한 공간인 로큰롤 명예의 전당Rock & Roll Hall of Fame, 컨트리음악 명예의 전당Country Music Hall of Fame, 엘비스 프레슬리의 멤피스Elvis Presley's Memphis, 프리저베이션 홀Preservation Hall in New Orleans 등을 살펴본다. 미국 어느 도시나 유명한 건축가에 의해 명품처럼 하나 정도를 보유하고 있는 미술관과는 다르게 음악에 관한 공간은 대중적인 인기에 비해 의외로 생각보다 많지도 않고 건축설계안도 그다지 눈에 띠지 않는다. 그럼에도 불구하고 미국 대중음악을 소개하고 기리며 즐길 수 있는 공간으로 작동한다. 음악에 관련된 공간과 건축은 대부분 커다란 규모의 공연장을 연상한다. 그러나 미국 중부의 음악도시 속 공간들은 공연장도 있지만 공연장이 공간의 중심이 아니라 음악에 대한 기록과 회고와 추모의 측면이 더 크다. 건축이라는 하드웨어보다는 미국 대중음악이라는 소프트웨어가 더 크게 작동하는 것으로 이해해야 하는 걸까?

클리블랜드Cleveland는 오하이오Ohio 주에서 가장 복잡한 도시로 도심은 오하이오 주 북동쪽, 이리 호의 남쪽 호안에 자리하고 있다. 도시는 운하와 철도의 개통으로 제철을 비롯한 자동차·조선·석유 정제 등 제조업의 중심지가 되었다. 이후 중공업의 쇠퇴와 함께 금융, 보험, 법률, 의료분야의 서비스 산업으로 다양하게 변화했다. 로큰롤 명예의 전당Rock & Roll Hall of Fame은 팝 문화와 관련한 기념품, 악기, 주크박스 등을 소장하고 있는 상징적인 음악 박물관이다. 중국계 미국인 건축가 아이 엠 페이I.M. Pei의 설계로 루브르 박물관 유리 피라미드와 유사한 형태의 전시공간이다. 음악에 관한 전시공간과 공연장 등 다양한 기능을 포함하고 있고 정적인 미술품 전시공간과는 다르게 실

로큰롤 명예의 전당(Rock & Roll Hall of Fame)_아이 엠 페이(I.M. Pei)

시간 음악 공연 등을 위한 공간으로 구성된다.

멤피스Memphis는 미국 테네시Tennessee 주에서 가장 큰 도시이며 멤피스 도시권은 내슈빌Nashville 도시권에 이어 두 번째로 큰 도시권이다. 테네시Tennessee 주에서 가장 큰 도시이지만, 테네시 주의 주요 도시 중에서는 가장 역사가 짧은 도시이다. 미시시피 강가에 항구가 있는 상공업 도시이며 철도의 중심지이다. 엘비스 프레슬리Elvis Presley의 고향으로 유명하다. 엘비스 프레슬리의 멤피스Elvis Presley's Memphis는 엘비스 프레슬리Elvis Presley 소유의 대 저택으로 현재는 박물관으로 운영되고 있다. 수많은 자동차와 심지어 전용 비행기도 볼 수 있다. 한때 미국 팝 제왕의 흔적과 공간을 둘러보면서 미국 대중문화를 살펴볼 수 있다. 미국에서 백악관 다음으로 가장 많이 방문되는 장소라니 외국인 입장에서는 의외이고 놀랍다. 특별한 건축양식보다는 전반적인 미국 대중문화에 대한 이해를 할 수 있는 좋은 기회이다.

내슈빌Nashville은 미국 테네시Tennessee 주 중부에 있는 도시로, 테네시 주의 주도이다. 컨트리 음악의 도시, 미국 남부의 아테네라고 일컬어지며, 한때 이곳에서 미국 음반의 대다수가 만들어졌다. 컨트리음악 명예의 전당Country Music Hall of Fame은 미국 컨트리 음악과 관련된 자료와 상호 소통이 가능한 인터렉티브Interactive 전시를 통해 미국의 대중적인 음악 이야기를 알 수 있는 공간이다. 이곳을 설계한 턱-힌튼 건축Tuck-Hinton Architecture은 내슈빌을 기반으로 음악과 문화시설을 설계하는 건축사무소이다. 내슈빌 내 컨트리음악 명예의 전당과 함께 바로 옆에 위치한 컨벤션 센터인 뮤직 시티 센터Music City Center, 벨코트 극장Belcourt Theatre도 설계했다.

프리저베이션 홀(Preservation Hall)

내슈빌과 멤피스에서 남쪽으로 더 내려가면 재즈의 고향인 뉴올리언스New Orleans를 만날 수 있다. 이곳 뉴올리언스에서 역사가 깊은 재즈 공연장이 바로 프리저베이션 홀Preservation Hall이다. 재즈의 진수를 느낄 수 있는 오래된 톱클래스 뮤지션들의 연주를 바로 눈앞에서 즐길 수 있다. 줄 서서 표 사고 사람들 사이에 붙어서 앉지도 못하고 천장에 돌아가는 선풍기에 의지하여야 하는 열악한 공간이지만 한 시간 남짓의 재즈 공연은 그 고된 노력을 보상하고도 남는다.

워싱턴 D.C.(Washington D.C.)

미국 전통 만들기

베트남 참전용사 기념비(Vietnam Veterans Memorial)
_마야 린(Maya Lin)

워싱턴 D.C.Washington D.C.는 미국의 수도이다. 조지 워싱턴George Washington과 크리스토퍼 콜럼버스Christopher Columbus에서 이름을 가져왔다. 독립 행정 구역으로 좁지만, 국제적으로 막강한 정치적 영향력 있는 세계 도시로 중요성이 매우 높은 도시이다. 미국 수도로서 기능하도록 설계된 계획도시인데 포토맥 강의 동쪽 유역에 자리 잡고, 서쪽으로 버지니아와 접하고 그 이외 방향은 메릴랜드에 둘러싸여 있다. 도시설계는 1790년 프랑스의 건축가 피에르 샤를 랑팡Pierre Charles L'Enfant에 의해 진행되었다.

링컨 기념관Lincoln Memorial은 16대 대통령 에이브러햄 링컨을 기념하는 파르테논 신전 모양의 기념관으로 석상, 벽화, 거울 연못이 있다. 워싱턴 몰의 서쪽 끝에 있으며 링컨 동상은 동쪽으로 워싱턴 기념비, 국회의사당을 바라보고 앉아있다. 링컨 기념관 내부에는 '국민의 국민에 의한 국민을 위한 정부'라는 그 유명한 게티즈버그 연설문이 있다. 항상 개방되어 있어 자유롭게 방문하고 여유 있게 둘러보고 산책할 수 있는 장소이다.

워싱턴 기념탑Washington Monument은 미국 최초의 대통령을 기념하는 높이 169m의 거대한 랜드마크 오벨리스크Obelisk이다. 기단부에서 엘리베이터를 이용할 수 있으며 상부 전망대에서 동쪽으로 국회의사당, 서쪽으로 링컨 기념관과 알링턴 국립묘지, 북쪽으로 백악관을 내려다볼 수 있다. 국회를 존중하고 그 권위에 경의를 표하는 목적으로 워싱턴 D.C.에서는 이 기념탑보다 높은 건물은 지을 수 없도록 법으로 규제받고 있다.

마야 린Maya Lin이 설계한 베트남 참전용사 기념비Vietnam Veterans Memorial는 58,000명 이상의 베트남 전쟁 참전용사를 기리는 감동적인 기념물이다. 아름답게 디자인되고 언덕에 지어진 벽에는 사상자 순서대로 이름이 나열되어 있다. 기념관은 세 병사 동상, 베트남 여성 기념관, 치유의 벽이라고도 알려진 베트남 참전 용사 기념 벽의 세 부분으로 구성된다. ㄱ자로 꺾인 곳에서 각 방향으로 바라보면 멀리 링컨 기념관Lincoln Memorial과 워싱턴 기념탑Washington Monument이 눈에 들어온다. 기념탑을 이용하는 기념관이 아니라 직접 걸으면서 현무암에 새겨진 희생자의 이름을 어루만지면서 온몸으로 전쟁을 기념하는 최고의 기념공간이다.

스미소니언 국립 자연사 박물관Smithsonian National Museum of Natural History은 내셔널 몰에 위치한 스미스소니언 협회에 의해 운영되는 박물관 중 하나이다. 미국의 역사에 관한 다방적인 작품들이 전시되고 있는 국립 미국사 박물관Smithsonian National Museum of American History과 같이 둘러보는 것을 권한다. 다만 두 박물관은 매우 넓고 전시가 방대하니 만보를 각오해야 할 것이다.

내셔널 갤러리 오브 아트 동관National Gallery of Art-East Building은 1941년에 개관한 내셔널 갤러리 오브 아트National Gallery of Art 옆쪽에 있는 전시공간이다. 아이 엠 페이I.M. Pei가 설계한 단순한 기하학적 형태의 현대건축이다. 주변 그리스 로마 양식의 전통 고전주의 건축 사이에서 티 나지 않게 조용히 우아한 자태를 드러내고 있다. 현대건축의 힘을 느낄 수 있다.

내셔널 갤러리 오브 아트 동관(National Gallery of Art-East Building)
_아이 엠 페이(I.M. Pei)

필라델피아(Philadelphia), 펜실베이니아(Pennsylvania)

미국 건축의 전형을 만들다

낙수장(Falling Water)_프랑크 로이드 라이트(Frank Lloyd Wright)

필라델피아Philadelphia는 펜실베이니아Pennsylvania 주에서 가장 큰 도시로 미국 독립 시기인 18세기에 미국의 수도였다. 도시는 델라웨어 강과 스퀼킬 강에 따라 미국 북동부에 자리 잡고 있으며, 펜실베이니아 주에서 유일하게 도시와 군이 통합된 곳이다. 1682년 영국 출신 퀘이커 교도가 영국 왕의 승인을 받아 정착한 북미 식민지 중 하나인 펜실베이니아 주의 중심 도시로 삼으며 도시가 형성되었다. 그 후 미국 독립의 중심이 되었으며, 자유의 종을 비롯하여 미국 독립 관련 유적들이 많다. 1787년에는 필라델피아에서 미국 헌법이 기초되고, 1790년부터 10년 동안은 미국 연방의 수도였다.

벤투리 하우스Venturi House는 포스트 현대 건축 운동의 작품 중 하나로 펜실베이니아 주 필라델피아의 체스트넛 힐Chestnut Hill 인근에 위치하고 있다. 건축적인 디자인으로 뛰어나기보다는 건축양식과 철학, 이론적인 문제를 제기한다는 면에서 매우 논쟁거리가 되어 파장을 일으키며 현대건축의 진로를 바꾼 건축물이다. 미국을 대표하는 건축가 로버트 벤투리Robert Venturi의 건축 작품이다.

1491 Mill Run Rd, Mill Run, PA 15464에 위치하고 있는 낙수장Falling Water은 프랑크 로이드 라이트가 설계한 설명이 필요 없는 미국 최고의 건축이다. 산속 낮은 계곡 위에 위치한 저택은 각 실 천정 부분이 수평적으로 확장되고 섞여 다양한 내부공간과 외부공간을 형성한다. 자연 속의 주택으로 마치 한국 전통건축의 개념이 구현된 듯한 착각이 들 정도이다. 자연과의 관계를 중요하게 여기는 건축가의 생각은 동서양을 막론하고 유사한 듯하다. 하자도 많고 구조의 문제도 언

반스 파운데이션(Barnes Foundation)
_토드 윌리엄스 & 빌리 치엔(Tod Williams & Billie Tsien Architects)

급되지만, 이곳을 방문한다면 건축의 원론적인 개념을 돌아볼 수 있는 좋은 기회가 될 것이다.

필라델피아 미술관Philadelphia Museum of Art은 영화 로키의 유명한 계단이 있는 ㄷ자 형태의 장엄한 고전주의 양식의 공간이다. 이곳에서는 르네상스 고전 예술품과 특별 전시품을 볼 수 있으며 뉴욕이나 보스턴에 있는 박물관에 비해서 규모는 작지만 피카소, 마티스, 예스퍼 존스같이 유명한 미술가들의 컬렉션을 보유하고 있다.

반스 파운데이션Barnes Foundation은 존 듀이John Dewey의 경험으로서의 예술을 직접적으로 경험할 수 있는 미술관이다. 시대나 지역으로 구분하는 문화권별 미술 전시가 아니라 빛, 선, 색, 공간 등 예술적 관점으로 예술의 아름다움을 전시한다. 화가 마티스는 미국에서 유일하게 제대로 예술을 감상할 수 있는 곳이 바로 이곳이라고 했다. 미술관은 LA를 기반으로 하는 토드 윌리엄스 & 빌리 치엔Tod Williams & Billie Tsien Architects이 설계했다. 외부는 단순한 매스의 건축공간이지만 내부공간은 놀라운 전시공간을 품고 있다.

베스 숄롬 시나고그Beth Sholom Synagogue는 1953년 프랑크 로이드 라이트에 의해 설계되어 1959년에 완공되었다. 건축가의 관심에 따라 마야 부흥 건축 양식의 예로 인용되었다. 반투명 골판지 글라스의 가파른 기울어진 벽으로 시나이산처럼 하늘을 향해 투영한다. 비평가들에 의해 예배당을 위해 초안된 가장 표현력이 뛰어난 디자인이라고 여겨져 왔다.

PART

04

탈바꿈하는 특별시

COFFEE

Chapter 12

현대건축과 도시

어디서나 보이는 바다, 파노라마 뷰, 바람, 낮게 깔린 자연, 군데군데 있는 작은 건축들, 어디를 가도 내가 중심인 듯 모든 공간이 나를 중심으로 펼쳐진다. 이 느낌이 수평성의 극치가 아닐까? 눈높이에서 바라보이는 주변환경이 수평을 형성하면서 360도 열려 있는 공간.

- 광주(Gwangju)
  폴리 시티(Folly City)
- 제주(Jeju)
  수평을 걷다
- 서울(Seoul)
  시간과 공간의 매듭

광주(Gwangju), 대한민국(Korea)
폴리 시티(Folly City)

광주 폴리(Folly), 소통의 오두막_후안 헤레로스(Juan Herreros)

많은 도시가 지자체의 주도하에 도시의 정체성을 형성하는 데 가장 많이 사용하는 것이 문화일 것이다. 광주광역시는 기존의 전라남도 문화를 다양한 분야에서 계승하고 확장하는 작업을 통해서 대한민국에서 가장 명확하게 문화의 도시로 자리 잡게 되었다. 그 과정에서 가장 큰 역할을 한 것은 광주비엔날레와 광주디자인비엔날레일 것이다. 도심이 문화의 물결로 채워지는 것은 이제 일상이 되었다. 디자인이 일상화되는 데 가장 큰 역할을 한 것이 광주 폴리 프로젝트이다. 이제 광주는 폴리 시티Folly City다.

광주 폴리 프로젝트는 문화 도시 광주를 표방하면서 시작한 광주비엔날레에서 2011년 광주디자인비엔날레의 하나로 시작되었다. 소규모 건축조형물인 폴리Folly를 도시 곳곳에 설치해 미적 문화적 조형물의 역할과 더불어 간단한 도시의 기능을 더해 사람들의 관심과 도시재생 활성화를 위한 것이다. 소통의 오두막, 열린 장벽 등 광주폴리는 국내외 유명 건축가들을 중심으로 국립아시아 문화 전당 주변과 충장로를 중심으로 도심의 구석구석 공공 공간, 거리, 지하도 입구, 도로 바닥까지 다양한 도시의 공간에 디자인을 넣어 사람들의 관심을 끌고자 노력했다. 일부는 공모전을 통하여 디자이너들의 신선한 아이디어를 모았고, 이후 기능을 강조하여 틈새호텔과 쿡폴리Cook Folly까지로 확장하게 되었다.

폴리 프로젝트 중 광주천 독서실은 가나 출신 영국 건축가 데이비드 아디아예David Adjaye와 미국 소설가 타이에 셀라시Taiye Selasi가 참여한 인문학적 지식의 공간이다. 한국의 전통 정자구조에서 영감을 얻

국립 아시아 문화 전당_우규승

은 폴리는 광주천 제방에서 공원의 녹지, 징검다리, 천변 위 인도 등 주변의 공간을 유기적으로 연결하며, 책이라는 지적 소재와 휴식의 공간을 조화시킨다. 목재를 이용하여 건축의 파라매트릭 디자인으로 공간구성도 명쾌하게 풀어냈다. 책이라는 작지만 독립된 완전한 지식의 단위와 목재라는 물리적 단위 유닛이 건축 디자인을 만나 광주천이라는 자연을 의미 있는 장소로 만들었다.

또 하나 눈여겨봐야 할 폴리는 소통의 문으로 건물과 건물 사이의 작은 골목을 이용하여 사람이 들어가면 새로운 공간을 느끼게 해주는 색다른 폴리이다. 소통의 문은 도심에서 가장 좁은 골목에 위치한 기존 건물의 사이공간을 실제 이용자의 움직임에 따라 새로운 공간으

광주 폴리(Folly), 열린 장벽_정세훈, 김세진

로의 이동을 가능하게 하는 폴리이다. 문을 열고 들어가면 명주실에서 영감을 받아 건물과 건물 사이들 엮어주듯 벽을 타고 꼭대기까지 설치되어 있는 빛의 라인들이 관람객을 뒤쪽으로 인도하고, 사람의 움직임을 감지하여 따라오기도 한다. 도심 속에 작은 공간이 통로의 역할을 해줌과 동시에 인터렉티브한 빛으로 사람들과 소통한다.

제주(Jeju), 대한민국(Korea)

수평을 걷다

방주교회_이타미 준(Itami Jun)

제주하면 맑고 푸른 하늘, 끝없이 펼쳐진 바다, 어디에서나 볼 수 있는 한라산이 연상된다. 요즘은 한 달 살이, 올레길 걷기 등 다양한 이유로 제주를 방문한다. 좋은 자연환경과 더불어 우수한 디자인의 건축물, 다양한 문화, 독특한 음식 등 육지와는 다른 것이 많다. 제주의 건축을 보면서 제주를 이해해보고자 한다.

제주의 건축에 중요한 역할을 한 건축가는 이타미 준Itami Jun일 것이다. 포도호텔, 수·풍·석 미술관, 방주교회 등 걸출한 건축물이 대부분 제주에 있다. 제주의 자연과 제주사람의 삶을 가장 많이 이해하려고 노력한 건축가일 것이다. 한국에 제일 많이 알려진 외국 건축가인 안도 다다오도 제주에 좋은 건축물을 설계했다. 글래스 하우스는 두 팔 벌려 제주의 바다를 품은 공간이다. 건축물 주변의 경사진 정원과 끝없이 펼쳐진 바다는 글래스 하우스 건물 사이로 보이는 수평의 바다와는 또 다른 바다로 느껴진다.

추사관_승효상, 이로재 건축사사무소

이로재 승효상 건축가가 제주에 남긴 건축물 중 감자창고라는 별명이 붙은 서귀포시 대정읍의 추사관은 제주를 대표할 만한 건축물이다. 건물은 추사 김정희의 힘든 제주 유배생활에도 끊임없는 자기성찰과 노력으로 성취한 학문과 예술을 표현하고자 한 건축가의 의도가 곳곳에 드러난다. 특히 추사가 직접 제주 유배시설을 그린 세한도를 모티브로 전시관이 설계됐다. 전시실은 지하에 배치됐지만 답답한 느낌이 들지 않도록 하늘이 뚫린 천장을 둠으로써 자연채광을 최대한 확보하였다. 관람객들이 건물 입구에서 지하로 가는 계단을 통해 내려가 2개 층으로 열려있는 전시실인 추사 홀을 거쳐 추사적거지 앞마당으로 연결된 지상으로 나오도록 구성하였다.

가파도와 마라도는 제주도와는 또 다른 느낌의 장소이다. 어디서나 보이는 바다, 파노라마 뷰, 바람, 낮게 깔린 자연, 군데군데 있는 작은 건축들, 어디를 가도 한눈에 다 들어오기에 모든 공간이 나를 중심으로 펼쳐진다. 확실히 작은 스케일Scale의 공간과 시각적 경계와 한계는 주변을 인식하는 데 있어 매우 중요한 요소이다. 눈높이에서 바라보이는 주변 환경이 수평을 형성하면서 360도 열려 있는 공간과 그 공간 사이로 난 길을 걸어가는 사람의 뒷모습과 그 주변의 등대가 얼마나 또렷하게 보이던지 아직도 눈앞의 풍경처럼 생생하다. 가파도에는 지금은 사용하지 못하지만 원오원건축이 설계한 좋은 현대건축이 곳곳에 숨겨져 있다. 닫혀있어 내부에는 들어가지는 못하지만 건축물 외부만 보아도 좋다. 조만간 내부공간도 볼 수 있기를 희망한다.

서울(Seoul), 대한민국(Korea)

시간과 공간의 매듭(Knot)

국립현대미술관 서울관_민현준, 건축사사무소 엠피아트

서울 구도심은 오래된 역사가 층층이 쌓여 있는 장소로 역사를 보여주는 다양한 양식의 건축물들이 자연스럽게 서로 섞여 있다. 이러한 건축적 다양성이 역사의 총체성을 나타내듯이 한 공간에 압축되어 있다. 그러므로 이 공간을 지나는 사람들은 현대사회를 살지만, 건축물들이 보여주는 시대의 지층을 인식하면서 새로운 경험을 할 것이다. 그중 가장 중심에 서있는 건축은 국립현대미술관MMCA 서울관이다. 시간의 통시적 다양성과 더불어 공간의 공시적 다양성을 동시에 보여준다.

덕수궁을 나와 정동 돌담길 따라 걷다가 청계천 광장과 광화문광장을 지나면 경복궁 옆 국립현대미술관 서울관이 눈에 들어온다. 이 미술관은 건축가 민현준의 작품으로 하나의 큰 미술관처럼 규모를 자랑하지 않고 여러 개의 작고 단순한 기하학적 매스들이 흩뿌려진 듯 배치되어 있다. 그리고 그 사이에 외부공간인 마당이 있다. 물론 미술관 경계인 담도 없다. 그래서 동서남북 어느 방향에서든지 미술관으로 들어올 수 있다. 하나의 건물이 아닌 여러 개로 나누어진 미술관들이 여기저기 퍼져 있고 사람들은 사이사이를 숨바꼭질하듯이 움직이면서 다양한 공간을 느낄 수 있으며 새로운 사람들과 우연히 마주치면서 사회적인 접촉도 할 수 있다. 미술관 입구는 예전 기무사 건물로 처음 가면 약간 의아해할 것이다. 주 출입구에서 조금 더 들어가면 현대식의 전시공간들이 계속 펼쳐지는데 때로는 외부 마당도 보이고 창문으로는 옛 전통건축도 보인다. 외부로 나가보면 미술관 뒷마당 쪽 조선시대의 종친부가 나타난다. 현대건축물 사이에 전통건축이 있다. 덕수궁 마당에서 바라본 서울시청과는 반대 풍경이 나타난다.

홍현_인터커드 건축사사무소

국립현대미술관 서울관은 사람들의 사회적 접촉이라는 미술관의 개념에 주변 역사전통의 환경을 이용하여 오래된 건축물과의 관계를 새롭게 정리하여 도시재생의 방법으로 이용하기도 한다. 미술관 북쪽인 북촌로 5길에 있는 정독도서관 일부를 외부도로와 연결해서 서울교육박물관으로 만들면서 기존의 정독도서관 내부에서 접근하던 것을 외부에서 직접 접근하게 바꾸었고 그 앞쪽은 인터커드 건축이 설계한 홍현이라고 불리는 북촌마을안내소, 전시 공간, 편의시설을 두어 자연스럽게 사람들의 접근을 유도하였다. 이렇게 기존의 건축물의 입구를 바꾸고 길을 조정하고 담을 없애고 커다란 건물을 나누어서 지나가는 사람을 두 팔 벌려 환영하고 있다. 근처에 원오원건축의 학고재도 전통건축과 현대건축이 작은 마당을 마주하고 있고, 국제미술관은 근,

현대건축들이 나란히 서있다. 조금 더 가회동쪽으로 올라가면 오래된 한옥 성당과 세련된 현대건축의 성당이 마당을 사이에 두고 우리를 기다린다. 우대성 건축가가 설계한 가회동 성당이다.

Chapter 13

최신 현대건축의 도시

스코틀랜드인들은 가장 자유로운 디자인의 건축을 하는 건축가에 의해 그들의 자유를 표현하고 싶었던 출구전략이 아니었을까? 이러한 건축이 갖는 사회적 역할과 의미를 제대로 사용한 경우는 극히 드물다. 인류의 역사를 통해 보면 건축과 건축가는 기존 권력의 강화에 동원되거나 협조하면서 살아온 경우가 대부분이다. 본인의 건축과 가치관에 사회적 관점을 설정하는 것도 시간과 많은 노력이 따르지만 그렇게 힘들게 만든 건축의 가치관을 지키는 것은 더욱더 어렵다.

- 그라츠(Graz)
  신선함을 넘어선 현대건축
- 런던(London)
  유리를 이용한 현대건축의 구현
- 에딘버러(Edinburgh)
  로얄 마일(Royal Mile)에도 현대건축을 심다
- 바르샤바(Warsaw)
  바르샤바도 현대건축으로 탈바꿈하는 중

그라츠(Graz), 오스트리아(Austria)

신선함을 넘어선 현대건축

쿤스트하우스 그라츠(Kunsthaus Graz)_피터 쿡(Peter Cook)

오스트리아는 체구는 작지만 유럽 그 어디보다도 볼거리와 들을 거리가 다양하고 드라마틱하다. 현대건축도 파격과 낭만이 동시에 섞여있다. 하지만 구스타프 말러Gustav Mahler나 에곤 쉴레Egon Schiele와 같이 동양풍이며 비극적인 이면도 있다. 하긴 낭만은 희극보다 비극과 손발이 잘 맞는 법이다. 오스트리아에서 심오함의 극치인 말러의 교향곡과 유흥적 요소가 강한 요한 스트라우스의 왈츠가 공존하는 사실에 대해 쉽게 이해가 되지 않지만, 어찌 보면 희비극이 동전의 양면과 같다는 사실은 확실한 듯하다. 오스트리아가 지금부터 100여 년 전 20세기 말의 분위기가 음악과 미술에 표현되었다면 21세기 천년의 세기말은 건축으로 표현되고 있다고 할 정도로 파격적인 건축이 즐비하다.

오스트리아의 현대건축하면 당연히 그라츠Graz의 쿤스트하우스 그라츠Kunsthaus Graz이다. 일단 시각적으로 애벌레나 우주선 같기도 한 특이한 외부형태에 시선이 간다. 그라츠의 무어Mur강 옆에 반짝이는 건축물은 스쳐 지나가면서 보기만 해도 신선하다. 피터 쿡Peter Cook의 대표작이다. 내부보다는 외부의 형태 형성에 현대건축의 파격을 즐길 수 있다. 2000년대 한창 포스트모더니즘과 디지털 건축의 만남이 현대건축의 화두일 때 지어진 역작이다. 또 한 가지 중요한 사실은 이 건축물이 도시재생의 일환으로 진행되었다는 것이다. 도시재생의 가장 큰 고민은 기존의 맥락을 어떻게 변화하면서도 유지하고 기존의 사용자들이 문제없이 재정착하느냐일 것이다. 파격적인 디자인이 오히려 거부감을 주는 것이 아니라 주변의 기존 맥락과 차별화를 두면서도 적절하게 어울리게 하는 능력이 극대화된 사례가 바로 쿤스트하우스 그라츠이다. 주변 강을 산책하다 보면 강 사이 작은 섬인 무어인젤Murinsel

무무스(MUMUTH)_유엔 스튜디오(UN Studio)

의 무어 카페Mur Cafe도 만날 수 있다.

그라츠의 놀라운 또 하나의 현대건축은 유엔 스튜디오UN Studio의 무무스MUMUTH이다. 외부는 단순한 직육면체 기하학이지만 자세히 보면 직육면체가 아니다. 약간의 곡선이 들어가 있다. 완만한 곡선. 그리고 외피는 솔리드한 단단한 재질이 아니다. 금속 메쉬 망을 이용하여 반투명해 보이는 외피를 만들었다. 그러나 외부의 단순함에 큰 느낌이 없이 내부로 들어가면 마치 이상한 나라의 앨리스와 같은 내부공간에 깜짝 놀란다. 말로만 듣던 구불거리는 바닥과 계단과 천정이 하나로 되어 있어 로비와 계단은 마치 사용할 수 없을 듯한 형태이다. 혁신적인 현대건축 어휘인데 막상 경험해보니 당황스럽다.

무무스(MUMUTH) 내부공간_유엔 스튜디오(UN Studio)

런던(London), 영국(United Kingdom)

유리를 이용한 현대건축의 구현

캐너리 워프(Canary Wharf)

지지 않는 태양이었던 영국의 힘이 빠진지는 오래되었지만 적어도 건축 분야에서는 아직도 명불허전이다. 영국 대표 건축가 리처드 로저스Richard Rogers, 노만 포스터Norman Foster+Partner, 뉴욕 맨해튼에 베슬Vessel을 설계한 토마스 헤더윅Thomas Heatherwick, 런던 올림픽 상징탑을 설계한 아니쉬 카푸어Anish Kapoor 등 현존하는 걸출한 건축가와 조각가를 거론하지 않더라도 런던을 다니다 보면 도시 구석구석에 놀랄 만한 건축물들이 많다. 눈에 띄는 대형 건축이 아니더라도 작은 프로젝트 하나에도 정성을 쏟는 그들이 있어 영국의 건축과 건축가의 능력은 건재하다.

노만 포스터Norman Foster+Partners의 리모델링으로 새로 태어난 대영박물관The British Museum은 유물 위주로 전시하는 기존의 박물관과는 다른 공간을 보여준다. 건축 구조체와 유리를 이용하여 현대건축의 새로운 형태와 공간을 만들어 내는데 탁월한 노만 포스터는 대영박물관으로 또 한 번 세상에 놀라운 공간을 보여준다. 기존 공간에 유리천장을 덧대고 중심 원형 공간을 도서관으로 만들었다. 움직임을 이용한 교육공간인 박물관에 머물러서 시간을 거슬러 올라가는 도서관을 접목했다. 그 결과 고요하게 부유하는 유리 우산과도 같은 새로운 머무름의 공간이 탄생했다. 30 세인트 메리 엑스30 St. Mary Axe-The Gherkin 또한 런던의 대표적 현대건축이다.

도시의 역사가 긴 런던은 석재와 벽돌을 중심으로 한 건축에서 최근 유리와 금속패널의 현대건축으로 탈바꿈하였다. 다양한 현대건축으로 가득 차 있는 런던 템스 강변의 캐너리 워프Canary Wharf는 그 전

30 세인트 메리 액스(30 St Mary Axe-The Gherkin)
_노먼 포스터(Norman Foster Partner)

환의 상징적인 도시 공간이다. 캐너리 워프의 캐나다 플레이스Canada Place의 입면에 있는 유리 루버는 단순한 범위를 벗어나 새로운 재료 미학으로 거듭났다. 루버는 태양 차단을 위해 건물 입면에 덧댄 것으로 근대건축의 거장 르코르뷔지에는 브리즈 솔레이유Brise-soleil라고 불렀다. 오래된 건축요소가 현대건축의 디자인 요소로 사용되면서 다양하게 변형되었다. 보통 금속이나 나무를 이용하는데 유리는 깨지기 쉽고 무게도 상당해서 잘 사용하지 않았는데 최근 구조적 해결과 강화유리로 인해 본격적으로 사용하기 시작했다. 루버의 특징은 반복된 겹침으로 인한 독특한 분위기 연출인데 유리의 경우 투명과 반투명의 성질로 인해 배가된다. 특히 루버의 크기를 조정해서 직선의 유리로 마치 파도와 같은 곡선의 연출의 효과는 상상 이상이다.

에딘버러(Edinburgh), 영국(United Kingdom)
로얄 마일(Royal Mile)에도 현대건축을 심다

에딘버러(Edinburgh) 기차역

스코틀랜드 에든버러Edinburgh의 중심거리인 로얄 마일Royal Mile은 오래된 도시만큼 쌓여 있는 이야기도 많아 보인다. 씨줄과 날줄이 서로 엮여 타탄체크 또는 타탄 플래드Tartan Plaid 천을 만들 듯이 이 도시는 낮과 밤이 섞여져서 하루를 만든다. 에든버러는 그 어느 도시보다도 밤이 활발하다. 보통의 도시는 어두워지면 낮의 활동을 멈추고 각자 개인적 휴식을 하지만 이곳의 밤은 새로운 활동의 시작이다. 해리포터가 나와서 마법이라도 쓸 것 같은 분위기다. 망토를 두르고 거리를 활보하는 사람들이 실제로 마법사 투어를 하기도 한다. 해가 지면 수많은 해리 포터가 나타나니 혼자 밤거리를 배회하다 만나도 놀라지 말길 바란다.

로얄 마일 끝에 가면 눈앞에 펼쳐진 상황이 믿겨지지 않을 정도로 놀라운 건축물을 만날 수 있다. 주인공은 바로 스코틀랜드 의회 Scottish Parliament이다. 스페인 바르셀로나를 중심으로 활동하는 엔릭 미라예스가 설계한 건축물이다. 역사적인 배경을 살펴보면 스코틀랜드는 영국 연방이지만 독립에 대항 열망이 크고 그에 대한 표출이 스코틀랜드 의회 건축물에 나타난다. 역사적으로 스코틀랜드가 잉글랜드에 합병되기 전에는 의회가 있었는데 합병 후 의회는 해산되었다. 1997년 주민 투표에 의해 법률 제정권의 위임을 받아 의회가 다시 설립되고 이후 현재의 의회는 2004년 완공되었다. 이러한 사회적 배경이 현대 건축에서도 가장 첨단의 디자인을 통해 구현되었다 할 수 있다. 스코틀랜드인들은 가장 자유로운 디자인의 건축을 하는 건축가에 의해 그들의 자유를 표현하고 싶었던 출구전략이 아니었을까? 이러한 건축이 갖는 사회적 역할과 의미를 제대로 사용한 경우는 극히 드물다. 인

스코틀랜드 의회(Scottish Parliament)_엔릭 미라예스(Enric Miralles)

류의 역사를 통해 보면 건축과 건축가는 기존 권력의 강화에 동원되거나 협조하면서 살아온 경우가 대부분이다. 본인의 건축과 가치관에 사회적 관점을 설정하는 것도 시간과 많은 노력이 따르지만 그렇게 힘들게 만든 건축의 가치관을 지키는 것은 더욱더 어렵다.

바르샤바(Warsaw), 폴란드(Poland)

바르샤바도 현대건축으로 탈바꿈하는 중

바르샤바(Warsaw) 구도심

바르샤바(Warsaw) 쇼팽 박물관

서유럽의 국가나 도시가 명확한 정체성을 가지면서 독자적인 문화가 강조되면서 발달한 것에 비해 동유럽의 경우는 도시마다 커다란 차이가 없고 모두 유사하게 보여진다. 냉전의 시대에 제일 경제적 사회적 손실과 피해가 컸던 땅인 만큼 복구도 더디고 오래 걸린다. 그러나 평화의 시대에 동참하면서 도시마다 새로운 정체성을 만들어 가면서 현대건축이 들어서기 시작하였다. 비용의 문제로 인해 개발이 늦어지면 오히려 전통이 남게 된다는 개발의 역설이 이곳에서도 어느 정도 적용되는 듯하다. 폴란드 바르샤바의 오래된 구도심과 새로 개발된 신도심의 적절한 조화는 많은 다른 국가에서의 실패를 타산지석 삼아 그 어느 곳보다는 아름답게 현대화하는 중이다.

바르샤바 구도심을 관통해서 강변 방향으로 가면 바르샤바 대학교University of Warsaw까지 가게 된다. 고색창연할 거라고 예상한 대학교는 유리 커튼 월Curtain Wall의 도서관과 옥상정원 등 현대건축으로 가득 차 있어서 오히려 오래된 도시인 바르샤바에 안 어울릴 정도로 어색하게 느껴진다. 그런데 이 어색함은 아마도 동유럽은 오래된 건축이 남아있을 것이라는 선입견이기도 하고, 전쟁이 치열한 도시일수록 파괴된 곳이 많아 현대건축도 많고 새로운 건축이 자리를 잡는 데는 사람처럼 시간이 필요하다는 의미일 수도 있다. 이곳의 건축은 기존의 오래된 도시의 장소를 고려하면서도 현대건축의 특징들이 잘 나타나 있어 전통과 현대를 조합한 이들만의 독특한 분위기를 자아낸다.

바르샤바 대학교 길 건너에는 코페르니쿠스 과학 센터Copernicus Science Centre가 있다. 최근 현대건축의 경향을 반영한 강가에 낮고 넓은 상자로 램프를 이용하여 공간을 연결하고 입면은 수직의 다양한 패널을 사용했다. 램프를 걸어 오르면 중간에 강 쪽을 파노라마 전망으로 접하게 되고 다시 돌아서 옥상까지 가니 데크와 옥상정원이 나타난다. 현대건축에서 사용하는 시각적 전망, 건축적 산책로, 연속성 등을 다양한 현대 건축의 어휘로 가득하다.

바르샤바 중앙역 쇼핑몰인 즈워티 테라시Zlote Tarasy: Golden Terraces는 바르샤바를 대표하는 현대적 상업시설이다. 파라메트릭 디자인의 지붕은 유리와 철골로 덮여 있다. 이런 디자인은 설계와 시공 비용이 많이 들어 바르샤바에서 현대건축의 상업시설을 볼 것이라고 생각하지 못했다. 동유럽을 다니면서 느끼는 것은 현대건축 프로젝트가 많지 않지만 하나의 프로젝트가 한국이나 아시아에서의 프로젝트보다 심혈을 기울이고 고민을 더 많이 한 결과처럼 보인다. 미국의 상업건축을 주로 설계하는 건축가 존 저드The Jerde Partnership의 역작이라는 사실에서 동유럽의 개방되는 현실을 이해하게 된다.

즈워티 테라시(Zlote Tarasy: Golden Terraces)
_존 저드(The Jerde Partnership)

Chapter 14

세계적 기업 도시

아우라의 전율을 이곳 건축물에서도 느낄 수 있다. 현상학적 건축공간인 이곳은 직접 가서 공간을 걸어보고 바라보고 느껴봐야 한다. 가장 친한 사람과 같이 가자. 동반자가 가족 친구 연인 동료도 좋고 건축하는 사람이면 더 좋다. 태평양 절벽 위 바다를 향해 열려 있는 보이드.

- 시애틀(Seattle)
  최초와 일등이 많은 도시
- 포트랜드(Portland)
  자연 속의 나이키(Nike)
- 샌프란시스코(San Francisco)
  바람의 도시에서 IT 본사의 각축전이 벌어지다
- 샌디에고(San Diego)
  초일류 리서치 재단을 가진 최고의 도시

시애틀(Seattle), 워싱턴(Washington)

최초와 일등이 많은 도시

시애틀 스타벅스 커피(Seattle Starbucks Coffee)

시애틀을 이해하는 가장 중요한 키워드는 세계적 기업들의 본사이다. 아마 시애틀을 방문하는 많은 사람은 이들과 연관되고 또 관심도 많을 것이다. 시애틀하면 전 세계적인 기업의 본사와 가맹점 1호가 있는 곳으로 유명하다. 파이크 플레이스 마켓Pike Place Market 내 스타벅스 1호점과 도시 남쪽의 스타벅스 본사인 스타벅스 써포트 센터Starbucks Support Center, 아마존Amazon의 모든 것을 경험할 수 있는 더 스피어The Spheres 주변, 동쪽 외곽으로 가면 마이크로소프트 방문센터Microsoft Visitor Center, 도시의 북쪽은 익스피디어 그룹Expedia Group, 조금 더 올라가면 보잉 퓨쳐 오브 플라이트Boeing Future of Flight까지 대단한 기업의 본사가 가득하다. 시내에는 기업 방문하는 투어도 많으니 직접 가서 피부로 느껴볼 수도 있다. 방문 후 해당 기업의 주식을 사볼까 고민할 수도 있겠다. 왜 시애틀에 글로벌 기업들의 본사가 많을까? 시애틀 글로벌 기업투어를 하면서 자세히 살펴보고 곱씹어 볼 일이다.

시애틀을 이해하는 또 다른 키워드는 날씨, 매일 오는 비다. 일년에 절반 이상이 비가 온다는 곳이다. 명확한 사계절과 적당한 눈과 비에 익숙한 한국인에게 미국의 날씨는 가히 폭력적이다. 남부는 너무 덥고 북부는 엄청 춥고 서부는 지진에 중부는 토네이도로 동부는 극단적인 사계절이 있다. 그중 시애틀은 비가 많이 오는 것으로 유명하다. 개인적으로는 비가 와서 운치가 있는 도심이 좋다. 매일 비가 오는 곳이라 따뜻한 커피가 유명한지도 모르겠다. 시애틀 도서관에서 창밖으로 내리는 비를 마주하거나 스타벅스 1호점에서 커피를 마시면서 비를 바라보며 잠시 여유를 가져보자.

시애틀 공립 도서관(Seattle Public Library)
_렘 콜하스(Rem Koolhaas: OMA)

시애틀을 이해하는 세 번째는 공공미술과 현대건축의 도시이다. 시애틀 아트 뮤지엄Seattle Art Museum에 가면 서울 서소문 흥국생명빌딩 앞에도 설치되어 있는 조나단 보로프스키Jonathan Borofsky의 해머링맨Hammering Man을 만날 수 있다. 올림픽 조각공원Olympic Sculpture Park 내 리처드 세라Richard Serra의 웨이크Wake, 알렉산더 칼더Alexander Calder의 이글Eagle, 루이스 부르주아Louise Bourgeois의 파더 앤 썬Father and Son 등 유명한 공공미술로 가득하다. 현대건축의 최고 중 하나로 꼽히는 시애틀 공립 도서관Seattle Public Library은 렘 콜하스Rem Koolhaas (OMA)의 대표작이다. 도서관 기능에 꼭 필요한 부분은 확정하고 그 사이에 자유로운 공간을 넣고 전체를 엮는 다이어그램으로 건축설계를 한다. 실제 가보면 시내 한복판에 위치하는 사이트에 놀라고 규모에 더 놀라고 내부 공간에 다시 한 번 놀란다. 공간을 이렇게 써도 될까 싶을 정도로 깎고 비우고 넓힌다. 한국에서는 공간의 가치를 가성비로 따지지만 이곳 가심비의 공간이 확실히 좋다.

포틀랜드(Portland), 오레곤(Oregon)

자연 속의 나이키(Nike)

포틀랜드 빌딩(Portland Building)_마이클 그레이브스(Michael Graves)

포틀랜드가 어디인지 뭐가 유명한지 잘 모르는 경우가 많다. 그만큼 세상에는 유명한 도시와 사람들의 관심거리가 많다는 뜻이기도 할 것이다. 그러나 포틀랜드에 한번 가보면 그 매력에 푹 빠진다. 소소하지만 직접 가서 눈 여겨 봐야 하고 경험해 봐야 할 도시가 포틀랜드이다. 포틀랜드 외곽으로 나가면 라벤더 밸리Lavender Valley, 로웨나 크레스트 뷰포인트Rowena Crest Viewpoint, 페인티드 힐스Painted Hills 등 자연이 넘친다. 어디를 가도 좋다. 남쪽으로 내려간다면 엄프콰 핫 스프링스Umpqua Hot Springs와 크레이터 레이크Crater Lake에 들려 쉬면서 몸과 마음을 정비해도 좋다.

포틀랜드에서 운동을 좋아하는 사람이라면 나이키 월드 본사Nike World Headquarters 방문을 추천한다. 한국과는 아무 관계도 없을 것 같이 먼 거리에 있는 미국의 승리의 여신 니케Nike가 우리에게 얼마나 많은 영향을 주었던가 생각해 보자. 어린 시절 신발에서 나오는 그 뿌듯함의 경험은 다른 어떤 것과도 바꾸지 못했을 것이다. 그 시절 나이키에 대한 각자의 상상과 현재의 상황은 다르겠지만 나이키 본사에 직접 와서 기업의 현실을 알고 이제는 어린 시절 경험에서 벗어나 어른이 되는 것도 좋은 기회가 아닐까 싶다.

포트랜드에서 가장 유명한 현대 건축물은 마이클 그레이브스가 설계한 포틀랜드 빌딩Portland Building일 것이다. 포스트모더니즘의 대표작으로 포트랜드 도심 한복판에 있는 눈에 아주 잘 띄는 건축물이다. 이 건축물은 1982년 당시 모더니즘의 단순하고 표준화된 고층건물이 다수였던 미국의 도심 속에서 완전히 새로운 경향의 건축으로 탄생했다. 15층의 공공업무시설이며 초기에 여러 가지 문제점으로 인해 2020년 리모델링을 마무리했다. 입면의 재료, 색, 작은 창, 장식 등 포스트 모더니즘적 요소들이 독특하다. 이 건축가가 설계한 또 다른 대표작인 올랜도Orlando 디즈니 월드 호텔은 백조가, LA 버뱅크의 디즈니 사옥은 일곱 난장이가 건물의 기둥을 받치는 형상이다.

포틀랜드를 이해하는 또 다른 것은 로컬 커피이다. 그 유명한 스타벅스 본사가 3시간 거리의 시애틀에 있는데 그 옆 도시인 포틀랜드에는 자신만의 로컬 브랜드가 인기다. 포틀랜드 빌딩 근처를 걷다보면 발견할 수 있는 스텀프타운 커피 로스터스Stumptown Coffee Roasters는 건너편 거리에 있는 미국 10대 서점 중 하나인 파웰서점Powell's City of Books과 함께 우리는 잘 모르지만 포틀랜드 최고의 핫플레이스이다. 가족과 연인과 친구들과 함께 책을 찾고 읽고 머물고 커피를 마시고 향을 즐기는 시간은 각박한 도시의 삶에 찌든 우리에게 신선한 충격과 충전을 주는 기회일 것이다. 커피와 함께 다양한 맥주도 포틀랜드에서 빠질 수 없다. 도심의 수많은 브루어리Brewery에서 로컬 맥주를 즐길 수 있다. 조금 더 독특한 경험을 하려면 브루 그룹Brew Group PDX가 운영하는 브루 바지 보트Brew Barge Boat나 포틀랜드 맥주 박물관Portland Beer Museum도 방문해 볼 수 있다.

샌프란시스코(San Francisco), 캘리포니아(California)
바람의 도시에서 IT 본사의 각축전이 벌어지다

도미누스 와이너리(Dominus Winery)
_헤르조그와 드뫼롱(Herzog and de Meuron)

애플 파크(Apple Park)_노만 포스터(Norman Foster+Partners)

오늘도 샌프란시스코의 실리콘 밸리에는 IT 기업이 밤도 잊은 채 돌아간다. 세계 최고의 IT 기업 본사가 있는 곳이 이 도시다. 그중 대표적인 곳은 프랑크 게리가 먼로 파크Menlo Park에 설계한 메타Meta Headquarters의 MPK 21이다. 이곳은 기존 메타 본사 옆에 엄청난 규모로 계획되어 깜짝 놀랄 정도이다. 회사를 페이스북Facebook에서 메타로 교체했지만 MPK 21이 있는 기차 폐선 옆 페이스북 웨이Facebook Way라는 길 이름은 아직 그대로다. 가까운 곳에 있는 노만 포스터Norman Foster+Partner가 설계한 애플 파크Apple Park는 토러스Taurus 형태의 미래지향적 미니멀리즘이다. 토러스나 도넛은 미국의 상징이기도 하고 위상학적으로 구와는 완전히 다른 새로운 형태를 의미하기도 한다. 내부에 스티브 잡스 극장Steve Jobs Theater은 그 이름만으로도 인상적이다.

드 영 뮤지엄(de Young Museum)
_헤르조그와 드뫼롱(Herzog and de Meuron)

샌프란시스코 시내의 현대건축도 남다르다. 도시 중심의 거대한 녹지에 헤르조그와 드뫼롱Herzog and de Meuron이 설계한 드 영 뮤지엄de Young Museum이 있다. 건축 재료를 사용하여 현상학적 효과를 만들어내는 데 탁월한 스위스 건축가의 공간을 경험해 볼 수 있다. 또한, 미국 최대 와인 생산지, 와이너리로 유명한 나파 밸리Napa Valley에는 같은 건축가가 설계한 도미누스 와이너리Dominus Winery가 있다. 돌망태를 쌓아서 건물을 만드는데 돌망태 사이로 들어오는 빛과 바람이 와인 양조장과 너무나 잘 어울린다.

스위스 건축가 마리오 보타Mario Botta가 설계하고 최근 스노헤타Snøhetta가 리모델링한 샌프란시스코 근대 미술관San Francisco Museum of Modern Art(SFMoMA)은 여전히 시내 중심을 지키고 있다. 미술관이라기

도미누스 와이너리(Dominus Winery)
_헤르조그와 드뫼롱Herzog and de Meuron)

보다 정부청사와 같은 대칭성과 기하학적 형태와 벽돌 패턴이 건축가의 특성을 나타내고 있다.

샌프란시스코만을 건너서 버클리Berkeley에 가면 딜러 스코피디오와 렌프로Diller Scofidio+Renfro가 설계한 버클리 미술관과 퍼시픽 필름 아카이브Berkeley Art Museum and Pacific Film Archive(BAM/PFA)가 있다. 최근 파라매트릭 패턴과 비정형의 건축으로 왕성한 건축 활동을 하는 건축가의 작품으로 캘리포니아 주립대학교 버클리UC Berlerly의 대표적인 건축물이다. 공모전에 참여한 토요 이토의 건축 설계안은 계획안으로 끝났지만 눈 여겨 볼 만하다.

캘리포니아의 날씨는 좋은데 샌프란시스코는 언덕이 많고 바닷가라서 바람이 심하게 분다. 샌프란시스코를 떠나 차로 5시간 정도 달리면 로스앤젤레스가 나온다. 태평양 해안가를 컨버터블로 가면 더욱 좋지만 컨버터블이 아니더라도 차 창문을 다 내리고 기분이라도 내보자. 101도로를 타고 가면 캘리포니아 어디를 가도 좋다.

샌디에고(San Diego), 캘리포니아(California)

초일류 리서치 재단을 가진 최고의 도시

솔크 연구소(Salk Institute for Biological Studies)_루이스 칸(Louis Kahn)

LA를 떠나 남쪽으로 3시간 정도 가면 나타나는, 날씨 좋고 태평양 해변에 푸른 자연 속 크지 않은 도시에 안전함까지 갖추고 있는 최고의 도시가 샌디에고San Diego이다. 그리고 번화한 샌디에고 도심에서 1시간만 빠져나가면 바로 상상도 못할 만큼의 대자연이 펼쳐진다. 캘리포니아 서쪽은 태평양 바다, 동쪽은 시에나 네바다 산맥이 있어 따뜻한 바다에서 수영하다 바로 설원에서 스키도 탈 수 있다.

건축 공간의 존재론적 의미를 느끼고 싶은 사람은 루이스 칸Louis Kahn이 설계한 솔크 연구소Salk Institute for Biological Studies에 가자. 초일류 생물학 리서치 재단인 이곳은 글과 사진만으로는 느낄 수 없는 아우라Aura가 있다. 루브르 박물관의 모나리자를 볼 때 느끼는 아우라의 전율을 이곳 건축물에서도 느낄 수 있다. 현상학적 건축공간인 이곳은

가이젤 도서관(Geisel Library)
_윌리엄 L. 페레이라(William L. Pereira & Associates)

직접 가서 공간을 걸어보고 바라보고 느껴봐야 한다. 가장 친한 사람과 같이 가자. 동반자가 가족, 친구, 연인, 동료도 좋고 건축하는 사람이면 더 좋다. 태평양 절벽 위 바다를 향해 열려 있는 보이드인 이곳은 근대건축 대표 건축가 루이스 칸이 설계한 최고의 건축 작품이다.

솔크 연구소Salk Institute에서 멀지 않은 곳에 있는 우주선 같이 생긴 가이젤 도서관Geisel Library은 근대건축의 브루탈리즘Brutalism 대표작이다. 윌리엄 L. 페레이라William L. Pereira & Associates의 노출 콘크리트를 사용한 독특한 형태와 건축 재료로 인하여 기억에 강하게 남는다. 이곳은 캘리포니아 주립대학교 샌디에고UC San Diego 캠퍼스 내 도서관이다.

전형적인 상업시설을 설계하는 대표 미국 건축가 존 저드Jon Jerde의 실험적인 쇼핑몰인 호톤 플라자 몰Horton Plaza Mall도 중요한 건축이다. 따뜻한 날씨 속에 천천히 걸으면서 스트리트 몰의 공간을 경험해보자. 포스트 모더니즘의 팝아트적 흔적이 남아있다.

샌디에고의 또 다른 좋은 점은 가까이에 멕시코가 있다는 것이다. 샌디에고에서 한나절의 데이 트립Day Trip으로 멕시코 국경도시 티후아나Tijuana까지 가볼 수 있다. 가까이 마주보고 있지만 샌디에고와 티후아나는 미국과 멕시코라는 차이 때문인지 사뭇 다른 생활양식과 분위기가 느껴진다. 조금 위험하다고 하지만 멕시코 특유의 문화와 즐거움을 잠깐이라도 느껴볼 수 있다. 누구는 방탄유리차가 필요하다는 둥 갔다가 출입국의 엄격함 때문에 다시 미국으로 들어오기 어렵다는 등 여러 흉흉한 소문이 돈다. 그러나 미국과 멕시코 경계의 조금은 삼엄한 출입국의 경험도 기억에 남을 것이다. 용기 있는 자여 그 긴장감을 즐겨보라. 대신 갔다가 다시 미국으로 돌아올 수 있을지에 대한 책임은 각자가 져야 할 것이다.

에필로그

이 세상의 수많은 도시는 언제부터 어떻게 형성되고 시간에 따라서 어떻게 변화하는가? 하나의 도시는 옆 도시와 유사한 주기를 가지고 번성하고 쇠퇴하는가, 아니면 완전히 다르게 살아가는가? 이러한 도시의 시간성과 공간성에 대한 질문과 그에 대한 답은 하나의 도시를 통시적으로 연구하기도 해야 하고 다른 도시와 공시적으로 비교 연구해야 하는 복합적 방법이 요청되어야 할 것이다.

도시는 각 단계의 시기와 기간은 다를지라도 태생기, 발전기, 융성기, 쇠퇴기 등 유사하게 변화하면서 도시의 운명은 비슷한 주기를 갖는다고 할 수 있다. 하지만 시작의 조건이 다르고 각 단계별로 차이가 생기면서 서로의 도시에 영향을 줄 수 있고 그 영향으로 독립된 도시일 경우 갖게 되는 단순한 생애주기는 변화될 것이다. 서로 다른 생애 주기를 갖는다면 각 도시는 서로 다른 삶을 산다고 할 수 있는 것일까? 하나의 도시는 그 도시가 자리 잡고 있는 공간과 환경에 따라 달라지는가? 도시는 공간적 조건, 특히 형성기의 초기 조건에 따라서 서로 다른 생애를 사는가? 서로 다른 공간이라도 거시적으로 본다면 유사한 생애 사이클을 가지는 것은 아닌가? 유사한 사이클을 산다면 아무리 다른 공간과 장소라도 결국 도시의 운명은 동일할 것이다.

지금까지의 철학적, 사회학적, 건축적 연구 결과를 살펴보면 일단 도시의 시대적 시간적 변화의 결과는 어느 정도 확실한 듯하다. 시대를 관통하는 절대적 진리라고 생각했던 그 무엇도 시대의 사회적 조건에 따라 변하게 되고 그에 따라 도시의 삶도 바뀌게 된다. 모든 생명은 죽는다는 진리가 도시에도 적용된다면 당연히 도시의 사이클은 기본적으로 전제될 수밖에 없다. 그에 따라 도시의 생애 주기 사이클이 생긴다는 생각이 들기도 한다. 그렇다고 해도 도시가 시간에 따라 변하기는 하지만 사이클을 갖지 않을 수도 있는 것이 아닐까? 하나의 도시는 다른 공간에 있는 도시와 분명히 다르긴 하다. 도시가 점유하는 공간의 차이로 인해서 도시는 완전히 다른 삶을 살게 되는 것일까? 시간과는 반대로 도시 형성의 기본적인 조건으로서의 공간이 서로 다르기에 오히려 각 도시는 자신만의 독립된 도시가 만들어지는 것은 아닐까?

도시의 x축은 시간의 변화로, y축은 점유한 공간의 특성의 차이로 가정한다면 각 도시는 시간과 공간의 변주곡으로 짜여진 옷감이 될 것이다. 그 옷감의 실에는 여러 가지 색과 굵기의 차이가 있을 것이고 그에 따라 만들어진 트위드는 항상 같지 않을 것이다. 오늘도 우리의 도시는 부지런히 베를 짠다. 그 안에서 우리는 우리만의 옷감을 위해 각자 나름대로 열심히 산다. 우리는 그 결과를 예측하기도 하고 또 일부는 살펴볼 수도 있겠지만 전체적인 결과를 파악하고 모두 다 알기는 어렵다. 그래도 우리는 어떤 신념 같은 것이 있어 오늘도 도시의 삶을 살고 그렇기에 우리의 도시도 우리와 같이 사는 것이 아니겠는가? 현재 이곳에서 우리가 경험할 수 있는 몇 개의 도시를 살펴보는 작업은 바닥에서 하늘까지 쌓여 있는 수많은 트위드 중 몇 개일 뿐이다. 그래도 몇 개의 도시를 찾아 살펴보면서 알게 된 사실은 우리에게 도움이 될 것이라 생각하며 그로 인해 앞으로의 작업을 계속할 수 있는 힘을 얻게 된다는 것이다. 트위드를 만드는 작업이 어느 정도 되면 3차원 공간의 또 다른 구성 축인 z축도 살펴봐야 할 일이다.

도시의 트위드를 짜는 시스템을 찾는 혜안과 더불어 어떤 트위드를 짜는가에 대한 방법도 고민거리 중 하나일 것이다. 도시는 도시의 트위드를 구성하는 수많은 요소 중 여러 도시가 공유하는 동일하거나 유사한 요소와 도시마다 완전히 다른 요소로 분류할 수 있을 것이다. 각 도시마다 구성하는 요소 중 크게 영향을 미치는 중요한 몇 가지 요소들에 따라 달라지는 것일까? 그렇다면 각 요소는 도시에 미치는 중요도에 따라 가중치도 필요할 수 있고 그에 따라 도시의 변화는 차이가 있을 수도 있다. 이 글은 여러 가지 요소 중 도시 주변의 자연 환경, 시간에 따라 달라져 온 건축의 양식들, 도시의 큰 부분을 차지하는 건축 중 특히 현대건축을 중심으로 주요 도시의 구성문법을 살펴보고 탐구하는 여행 과정을 통해 도시에 대한 많은 의문을 다시 한 번 어렴풋하게나마 생각해 본 결과이다.

주요 건축 프로젝트와 건축가 리스트

PART 01
현대사회와 특별시

01 시뮬라크르(Simulacre)와 자유로운 도시

로스앤젤레스(Los Angeles)

월트 디즈니 콘서트홀(Walt Disney Concert Hall)
  _프랑크 게리(Frank Gehry)

더 브로드(The Broad)
  _딜러 스코피디오와 렌프로(Diller Scofidio+Renfro)

게리 레지던스(Gehry Residence)_프랑크 게리(Frank Gehry)

자이언트 바이노큘러스(Giant Binoculars)_프랑크 게리(Frank Gehry)

다이아몬드 렌치 고등학교(Diamond Ranch High School)
  _몰포시스(Morphosis)

에머슨 대학교(Emerson College Los Angeles Center)
  _몰포시스(Morphosis)

캘리포니아 교통국(California Department of Transportation)
  _몰포시스(Morphosis)

왓 월(What Wall), Samitaur Tower, Big Picture Entertainment, Omelet, Wild Card Media_에릭 오웬 모스(Eric Owen Moss)

사이악(SCI－Arc.: Southern California Institute of Architecture)

더 게티(The Getty)_리처드 마이어(Richard Meier)

The Museum of Contemporary Art(MoCA)

_이소자키 아라타(Isozaki Arata)

LACMA(Los Angeles County Museum of Art)

_렌조 피아노(Renzo Piano), 피터 줌터(Peter Zumthor)

임스 파운데이션(Eames Foundation)

_찰스 앤 레이 임스(Charles and Ray Eames)

프라다 비버리 힐즈(Prada Los Angeles Beverly Hills)

_렘 콜하스(Rem Koolhaas:OMA)

천사들의 모후 대성당(Cathedral of Our Lady of the Angels)

_라파엘 모네오(Rafael Moneo)

라몬 C. 코틴스 시각예술학교(Ramón C. Cortines School of Visual and Performing Arts)_쿱 힘멜브라우(Coop Himmelb(l)au)

크라이스트 캐세드럴(Christ Cathedral)_필립 존슨(Philip Johnson)

월트 디즈니 스튜디오(The Walt Disney Studios)

_마이클 그레이브스(Michael Graves)

휴스턴(Houston)

NASA 존슨 우주 센터(NASA Johnson Space Center)

메닐 컬렉션(The Menil Collection)_렌조 피아노(Renzo Piano)

메닐 드로잉 인스티튜트(Menil Drawing Institute)

_존스톤 마크리(Johnston Marklee)

로스코 채플(Rothko Chapel)

_마크 로스코(Mark Rothko), 필립 존슨(Philip Johnson)

샌안토니오(San Antonio)

샌안토니오 리버 워크(San Antonio River Walk)

뉴올리언스(New Orleans)

프렌치 쿼터(French Quarter)

버번 스트리트(Bourbon Street)

이탈리아 광장(Piazza d' Italia)_찰스 무어(Charles Moore)

애틀랜타(Atlanta)

하이 뮤지엄(High Museum of Art)
_리처드 마이어(Richard Meier), 렌조 피아노(Renzo Piano)

마틴 루서 킹 주니어 국립역사공원(Martin Luther King Jr. National Historical Park)

올랜도(Orlando)

팀 디즈니 빌딩(Team Disney Building), 월트 디즈니 월드 돌핀 앤드 스완 호텔(Walt Disney World Dolphin & Swan Hotels)
_마이클 그레이브스(Michael Graves)

마이애미(Miami)

아르 데코 웰컴 센터(Art Deco Welcome Center)

윈우드 월(Wynwood Walls)

비스카야 뮤지엄(Vizcaya Museum & Gardens)

셀린느(Celine Miami Design District Store)
_발레리오 올지아티(Valerio Olgiati)

키 웨스트(Key West)

밴쿠버(Vancouver)

밴쿠버 하우스(Vancouver House)_BIG(Bjarke Ingels Group)
스탠리 공원(Stanley Park), 토템 폴(Totem Poles)
가스타운 스팀 클락(Gastown Steam Clock)
UBC 롭슨 광장(UBC: The University of British Columbia Robson Square)

02 혼종(하이브리드) 도시

시카고(Chicago)

밀레니엄 파크(Millennium Park)
시카고 미술관(The Art Institute of Chicago)
크라운 홀(S. R. Crown Hall, College of Architecture, Illinois Institute of Technology)_미스 반 데어 로에(Mies van der Rohe)
일리노이 공과대학 학생 서비스 센터(IIT One Stop Student Service Center)_렘 콜하스(Rem Koolhaas)
판스워스 하우스(Farnsworth House)
_미스 반 데어 로에(Mies van der Rohe)
로비 하우스(Frederick C. Robie House)
_프랑크 로이드 라이트(Frank Lloyd Wright)

포트워스(Fort Worth)

아몬 카터 뮤지엄(Amon Carter Museum of American Art)
_필립 존슨(Philip Johnson)

킴벨 미술관(Kimbell Art Museum)_루이스 칸(Louis Kahn)

포트워스 근대미술관(Modern Art Museum of Fort Worth)
_안도 다다오(Ando Tadao)

내셔 조각 센터(Nasher Sculpture Center)_렌조 피아노(Renzo Piano)

뉴욕(New York)

브루클린 브리지(Brooklyn Bridge)

JFK 국제공항(John F. Kennedy International Airport) TWA 비행센터
(TWA Flight Center)_ 에로 사리넨(Eero Saarinen)

시그램 빌딩(Seagram Building)_미스 반 데어 로에(Mies van der Rohe)

프라다 뉴욕(Prada New York Broadway)_렘 콜하스(Rem Koolhaas)

솔로몬 구겐하임 뮤지엄(Solomon R. Guggenheim Museum)
_프랑크 로이드 라이트(Frank Lloyd Wright)

The Museum of Modern Art(MoMA)
_다니구치 요시오(Taniguchi Yoshio)

MoMA P.S.1

휘트니 미술관(Whitney Museum of American Art)
_렌조 피아노(Renzo Piano)

뉴 뮤지엄(New Museum)_SANAA

프랫 인스티튜트(Pratt Institute School of Architecture),
히긴스 홀(Higgins Hall)_스티븐 홀(Steven Holl)

쿠퍼 유니온(Cooper Union), 41 쿠퍼 스퀘어(41 Cooper Square)
_몰포시스(Morphosis)

하이 라인(The High Line)_제임스 코너(James Corner)

Inter Active Corp(IAC)_프랑크 게리(Frank Gehry)

베슬(Vessel)_토마스 헤더윅(Thomas Heatherwick)

뉴 헤이븐(New Haven)

바이네케 도서관(Beinecke Rare Book Library: The Beinecke Library)_고든 번샤프트(Gordon Bunshaft)

보스톤(Boston)

MIT(Massachusetts Institute of Technology) 캠퍼스

베이커 하우스 기숙사(Baker House)_알바 알토(Alvar Aalto)

크레지 강당(Kresge Auditorium), 예배당(MIT Chapel) _에로 사리넨(Eero Saarinen)

지구과학관(Green Center for Earth Sciences), 미디어랩(Media Lab.) _아이 엠 페이(I. M. Pei)

사이먼스 홀 기숙사(Simmons Hall)_스티븐 홀(Steven Holl)

레이 앤드 마리아 스테이타 센터(Ray and Maria Stata Center) _프랭크 게리(Frank Gehry)

MIT 미디어랩 신관(MIT Media Lab)_후미히코 마키(Fumihiko Maki)

카펜터 시각예술 센터(Carpenter Center for the Visual Arts) _르코르뷔지에(Le Corbusier)

The Institute of Contemporary Art(ICA)_딜러 스코피디오와 렌프로 (Diller Scofidio+Renfro)

토론토(Toronto)

나이아가라 폴스(Niagara Falls)

로열 온타리오 박물관(Royal Ontario Museum: ROM)
_다니엘 리베스킨트(Daniel Libeskind)
온타리오 미술관(Art Gallery of Ontario: AGO)
_프랑크 게리(Frank Gehry)
씨엔 타워(CN Tower)
퀘벡(Quebec City)
샤토 프롱트나크(Château Frontenac)

03 다양성의 유럽 도시

바르셀로나(Barcelona)

구엘 공원(Park Güell)_안토니오 가우디(Antonio Gaudi)
이카리아와 후안 미로 거리_엔릭 미라예스(Enric Miralles and Benedetta Tagliabue: EMBT)
올롯(Olot)_RCR Architects

그라나다(Granada)

알함브라 궁전(Alhambra Palace)

말라가(Malaga)

지그재깅 퍼골라 피어 원(Zigzagging Pergola Pier One)
_제로니모 준케라(Jerónimo Junquera)

마드리드(Madrid)

티센 보르네미서 박물관(Museo Thyssen-Bornemisza)
프라도 박물관(Museo Nacional del Prado)

카이샤 포룸(Caixa Forum Madrid)
_헤르조그와 드뫼롱(Herzog & de Meuron)
소피아 미술관(Museo Nacional Centro de Arte Reina Sofia)
_장 누벨(Jean Nouvel)

톨레도(Toledo)

엘 그레코 집과 박물관(Casa y Museo El Greco)

오슬로(Oslo)

오슬로 오페라하우스(Oslo Opera House)_스노헤타(Snøhetta)
노벨 평화 센터(Nobel Peace Center)_데이비드 아디아예(David Adjaye)

헬싱키(Helsinki)

템펠리아우키오 교회(Temppeliaukion Church)
_티모 앤 투오모 수오마라이넨(Timo and Tuomo Suomalainen)
시벨리우스 기념비(Sibelius Monument)_엘라 힐투넨(Eila Hiltunen)

04 구조주의와 위상학

위트레흐트(Utrecht)

에듀케토리엄(Educatorium)_렘 콜하스(Rem Koolhaas:OMA)

암스테르담(Amsterdam)

워조코(WoZoKo)_MVRDV

델프트(Delft)

델프트 공대(TU Delft) 도서관_메카누(Mecanoo)

루뱅(Leuven), 벨기에

쿤스텐센트룸 스툭(Kunstencentrum STUK: STUdenten Centrum)
_뉴텔링스 리다이크 아키텍츠(Neutelings Riedijk Architects)

슈투트가르트(Stuttgart)

벤츠 뮤지엄(Mercedes Benz Museum)_유엔 스튜디오(UN Studio)

코펜하겐(Copenhagen)

8 House_BIG(Bjarke Ingels Group)

머스크 타워(The Maersk Tower), 코펜하겐 대학교(The University of Copenhagen, Faculty of Health and Medical Sciences) _CF. Møller Architects

PART 02
지역주의 속 특별시

05 근대건축에서 복잡계 건축으로

오사카(Osaka)

오사카 현립 치카추 아수카 박물관(Osaka Prefectural Chikatsu Asuka Museum)_안도 다다오(Ando Tadao)

고베(Kobe)

효고현립미술관(Hyogo Prefectural Museum of Art)

_안도 다다오(Ando Tadao)

교토(Kyoto)

여우 신사(Fushimi Inari)

도쿄(Tokyo)

써니 힐즈(Sunny Hills Minami Aoyama Store)
_구마 겐고(Kuma Kengo)

다이와 유비쿼터스 컴퓨팅 리서치 빌딩(The Daiwa Ubiquitous Computing Research Building)_구마 겐고(Kuma Kengo)

센다이(Sendai)

센다이 미디어테크(Sendai Mediatheque)_토요 이토(Toyo Ito)

아키타(Akita)

아키타 현립 미술관(Akita Museum of Art)_안도 다다오(Ando Tadao)

06 개성의 도시

다낭(Danang)

참 조각 박물관(Museum of Cham Sculpture)

싱가포르(Singapore)

페라나칸 플레이스 컴플렉스(Peranakan Place Complex)

싱가포르 국립 미술관(Singapore National Gallery)
_Studio Milou Architecture+CPG Consultants

핸더슨 웨이브(Henderson Waves)

_RSP Architects Planners & Engineers

이르쿠츠크(Irkutsk)와 울란우데(Ulan Ude)

주현절 교회(Sobor Bogoyavlensky)

성삼위 성당(Church of Holy Trinity)

07 미니멀리즘

바젤(Basel)

시그널 타워(Signal Tower)

_헤르조그와 드뫼롱(Herzog and de Meuron)

노바티스 캠퍼스(Novatis Campus)

비트라(Vitra)

비트라 캠퍼스(Vitra Campus)

포르투(Porto)

상 벤투 역(São Bento)_알바로 시자(Alvaro Siza)

레싸 수영장(Leça Swimming Pools)_알바로 시자(Alvaro Siza)

카사 다 뮤지카(Casa da Musica)_렘 콜하스(Rem Koolhaas: OMA)

08 경이로운 자연과 도시

라스베이거스(Las Vegas)

더 스트립(The Strip)

플라밍고 라스 베이거스 호텔(Flamingo Las Vegas Hotel & Casino)

베네치안(The Venetian Resort Las Vegas)
프리몬트 길거리 체험구역(Fremont Street Experience)
후버댐(Hoover Dam)

솔트 레이크 시티(Salt Lake City)

솔트 레이크 2002 올림픽 파크(Salt Lake 2002 Olympic Cauldron Park)
템플 스퀘어(Temple Square)
솔트 레이크 시티 태버너클(Salt Lake City Tabernacle)
그랜드 티턴 국립공원(Grand Teton National Park)
옐로스톤 국립공원(Yellowstone National Park)
블랙풋 강(Blackfoot River)
러시모어 국립공원(Mount Rushmore National Memorial)
_거츤 보글럼(Gutzon Borglum)

덴버(Denver)

자이언 국립공원(Zion National Park)
브라이스 국립공원(Bryce Canyon National Park)
그랜드 캐니언 국립공원(Grand Canyon National Park)
앤털로프 캐니언(Antelope Canyon)
모뉴먼트 밸리(Monument Valley)
아치스 국립공원(Arches National Park)
덴버 국제공항(Denver International Airport)
_펜트레스 아키텍츠(Fentress Architects)
레드락스 공원과 야외공연장(Red Rocks Park and Amphitheatre)

덴버 미술관(Denver Art Museum)

_다니엘 리베스킨트(Daniel Libeskind)

덴버 공공도서관(Denver Public Library)

_마이클 그레이브스(Michael Graves)

산타페(Santa Fe)

페트리파이드 포리스트 국립공원(Petrified Forest National Park)

조지아 오키프 미술관(Georgia O'Keeffe Museum)

_리처드 글러크만(Richard Gluckman)

UFO 와치타워(UFO Watchtower)

앨버커키(Albuquerque)

스펜서 극장(Spencer Theater for the Performing Arts)

_안톤 프레독(Antoine Predock)

UFO 박물관(International UFO Museum and Research Center)

피닉스(Phoenix)

탈리아신 웨스트(Taliesin West)

_프랑크 로이드 라이트(Frank Lloyd Wright)

빛의 기도관(Prayer Pavilion of Light: Prayer Mountain)

_디바톨로 아키텍츠(DeBartolo Architects)

버튼 바 중앙 도서관(Burton Barr Central Library)

_빌 부르더 아키텍츠(Will Bruder Architects)

디어 밸리 암각화 보호구역, 디어 밸리 록 아트 센터(Deer Valley Petroglyph Preserve, Deer Valley Rock Art Center)

_빌 부르더 아키텍츠(Will Bruder Architects)

투산(Tucson)

사와로 국립공원(Saguaro National Park)

PART 03
오래된 미래의 특별시

09 역사와 함께하는 현대건축

타이중(Taichung)과 타이난(Tainan)

국립오페라극장(국가가극원, National Taichung Theater)

_토요 이토(Toyo Ito)

타이난 시 미술관 2관(Tainan Art Museum Building 2)

_시게루 반(Shigeru Ban)

가오슝(Kaohsiung)

타이완 국립가오슝아트센터(National Kaohsiung Center for the Arts)

_메카누(Mecanoo)

대동아트센터(Dadong Art Center)_MAYU Architects

+de Architekten Cie

베이징(Beijing)과 선양(Shenyang)

베이징 자금성

선양 왕궁

왕징 소호(Soho)_자하 하디드(Zaha Hadid)

홍콩(HongKong)과 마카오(Macao)

익청맨션(Yick Cheong Building)

세인트 폴 성당

10 역사 속 현대건축

밀라노(Milano)

두오모(Duomo)

갤러리아 비토리오 에마누엘레 2세(Galleria Vittorio Emanuele II)

피에라 밀라노(Fiera Milano)_마시밀리아노 후쿠사스(Massimiliano Fuksas)

로마(Roma)

국립로마현대미술관(MAXXI－Museo Nazionale delle Arti del XXI Secolo)_자하 하디드(Zaha Hadid)

파르코 델라 뮤지카 오디토리움(Auditorium Parco della Musica)_렌조 피아노(Renzo Piano)

주빌리 교회(The Jubilee Church)_리처드 마이어(Richard Meier)

베를린(Berlin)

홀로코스트 기념공원(Holocaust Memorial)
_피터 아이젠만(Peter Eisenman)

유대인 박물관(Jewish Museum)_다니엘 리베스킨트(Daniel Libeskind)

쾰른(Koln)

콜롬바 박물관(Kolumba Museum)_피터 줌터(Peter Zumthor)

쿠어(Chur)

로마 유적 보호소(Shelter for Roman Ruins)_피터 줌터(Peter Zumthor)

파리(Paris)

아랍 인스티튜트(Arab World Institute)_장 누벨(Jean Nouvel)

국립도서관(Bibliothèque Nationale de France)
_도미니크 페로(Dominique Perrault)

뤼 데 스위스(Rue des Suisses) 공동주택
_헤르조그와 드뫼롱(Herzog and de Meuron)

11 도시의 정체성

세인트루이스(St. Louis)

더 게이트웨이 아치(The Gateway Arch)

밀워키(Milwaukee), 위스콘신(Wisconsin)

밀워키 미술관(Milwaukee Art Museum)
_산티아고 칼라트라바(Santiago Calatrava)

러신(Racine), 위스콘신

존슨 왁스 리서치 타워(Johnson Wax Research Tower)

콜럼버스(Columbus), 오하이오(Ohio)

콜럼버스 컨벤션 센터(Greater Columbus Convention Center)
_피터 아이젠만(Peter Eisenman)
웩스너 예술 센터(Wexner Center for the Arts)
_피터 아이젠만(Peter Eisenman)

리틀록(Little Rock), 아칸소(Arkansas)

클린턴 도서관과 뮤지엄(William J. Clinton Library and Museum)_폴섹 파트너쉽 아키텍츠(Polshek Partnership Architects)
캔자스시티(Kansas City), 미주리(Missouri)
캔자스시티 공립도서관(The Kansas City Public Library, Central Library)

미니애폴리스(Minneapolis), 미네소타(Minnesota)

워커 아트 센터(Walker Art Center)
_헤르조그와 드뫼롱(Herzog and de Meuron)

대번포트(Davenport), 아이오와(Iowa)

피기 아트 뮤지엄(Figge Art Museum),
데이비드 치퍼필드(David Chipperfield)

털리도(Toledo), 오하이오(Ohio)

글래스 파빌리온(Glass Pavilion, Toledo Museum of Art)_SANAA

애크런(Akron), 오하이오(Ohio)

애크런 미술관(Akron Art Museum)

_쿱 힘멜브라우(Coop Himmelb(l)au)

신시내티(Cincinnati), 오하이오(Ohio)

현대미술관(Contemporary Arts Center)_자하 하디드(Zaha Hadid)

클리블랜드(Cleveland), 오하이오(Ohio)

로큰롤 명예의 전당(Rock & Roll Hall of Fame)
_아이 엠 페이(I.M. Pei)

멤피스(Memphis), 테네시(Tennessee)

엘비스 프레슬리의 멤피스(Elvis Presley's Memphis)

내슈빌(Nashville), 테네시(Tennessee)

컨트리음악 명예의 전당(Country Music Hall of Fame)

뉴올리언스(New Orleans)

프리저베이션 홀(Preservation Hall)

워싱턴 D.C.(Washington D.C.)

링컨 기념관(Lincoln Memorial)

워싱턴 기념탑(Washington Monument)

베트남 참전용사 기념비(Vietnam Veterans Memorial)
_마야 린(Maya Lin)

스미소니언 국립 자연사 박물관(Smithsonian National Museum of Natural History

내셔널 갤러리 오브 아트 동관(National Gallery of Art-East Building)_아이 엠 페이(I.M. Pei)

필라델피아(Philadelphia)

벤투리 하우스(Venturi House)_로버트 벤투리(Robert Venturi)

낙수장(Falling Water)_프랑크 로이드 라이트(Frank Lloyd Wright)

필라델피아 미술관(Philadelphia Museum of Art)

반스 파운데이션(Barnes Foundation)_토드 윌리엄스 & 빌리 치엔(Tod Williams & Billie Tsien Architects)

베스 숄롬 시나고그(Beth Sholom Synagogue)_프랑크 로이드 라이트(Frank Lloyd Wright)

PART 04
탈바꿈하는 특별시

12 현대건축과 도시

광주(Gwangju)

광주천 독서실_데이비드 아디아예(David Adjaye), 타이에 셀라시(Taiye Selasi)

소통의 문 폴리_김찬중 시스템 랩

제주(Jeju)

포도호텔, 수·풍·석 미술관, 방주교회_이타미 준(Itami Jun)

글래스 하우스_안도 다다오(Ando Tadao)

추사관_이로재 승효상

가파도와 마라도

서울(Seoul)

국립현대미술관(MMCA) 서울관_민현준, 건축사사무소 엠피아트

홍현: 북촌마을안내소, 전시공간, 편의시설_인터커드 건축사사무소

가회동 성당_우대성, 건축사사무소 오퍼스

13 최신 현대건축의 도시

그라츠(Graz)

쿤스트하우스 그라츠(Kunsthaus Graz)_피터 쿡(Peter Cook)

무어인젤(Murinsel)

무무스(MUMUTH)_유엔 스튜디오(UN Studio)

런던(London)

대영박물관(The British Museum)
_노만 포스터(Norman Foster+Partners)

캐너리 워프(Canary Wharf), 캐나다 플레이스(Canada Place)

에딘버러(Edinburgh)

스코틀랜드 의회(Scottish Parliament)_엔릭 미라예스(Enric Miralles and Benedetta Tagliabue: EMBT)

바르샤바(Warsaw)

바르샤바 대학교(University of Warsaw)

코페르니쿠스 과학 센터(Copernicus Science Centre)_RAr-2

즈워티 테라시(Zlote Tarasy: Golden Terraces)

_존 저드(The Jerde Partnership)

14 세계적 기업 도시

시애틀(Seattle)

파이크 플레이스 마켓(Pike Place Market) 내 스타벅스

스타벅스 써포트 센터(Starbucks Support Center)

아마존(Amazon) 더 스피어(The Spheres)

마이크로소프트 방문센터(Microsoft Visitor Center)

익스피디어 그룹(Expedia Group)

보잉 퓨쳐 오브 플라이트(Boeing Future of Flight)

시애틀 아트 뮤지엄(Seattle Art Museum)

올림픽 조각공원(Olympic Sculpture Park)

시애틀 공립 도서관(Seattle Public Library)

_렘 콜하스(Rem Koolhaas: OMA)

포틀랜드(Portland)

나이키 월드 본사(Nike World Headquarters)

포틀랜드 빌딩(Portland Building)

_마이클 그레이브스(Michael Graves)

스텀프타운 커피 로스터스(Stumptown Coffee Roasters)

파웰서점(Powell's City of Books)

브루 바지 보트(Brew Barge Boat)

포틀랜드 맥주 박물관(Portland Beer Museum)

샌프란시스코(San Francisco)

메타(Meta Headquarters), MPK 21_프랑크 게리(Frank Gehry)

애플 파크(Apple Park)_노만 포스터(Norman Foster+Partners)

드 영 뮤지엄(de Young Museum)_헤르조그와 드뫼롱(Herzog andde Meuron)

도미누스 와이너리(Dominus Estate)_헤르조그와 드뫼롱(Herzog and de Meuron)

San Francisco Museum of Modern Art(SFMoMA)_마리오 보타(Mario Botta), 스노헤타(Snøhetta)

Berkeley Art Museum and Pacific Film Archive(BAM/PFA)_딜러 스코피디오와 렌프로(Diller Scofidio+Renfro)

샌디에고(San Diego)

솔크 연구소(Salk Institute for Biological Studies)_루이스 칸(Louis Kahn)

가이젤 도서관(Geisel Library)_윌리엄 L. 페레이라(William L. Pereira & Associates)

호톤 플라자 몰(Horton Plaza Mall)_존 저드(Jon Jerde)

이미지 출처

휴스턴

The Menil Collection
https://commons.wikimedia.org/wiki/File:MenilCollection.jpg

뉴올리언스(New Orleans)

French Quarter
https://commons.wikimedia.org/wiki/File:St_Philip_Street,_French_Quarter_-_sign_and_light.jpg

Piazza d' Italia
https://commons.wikimedia.org/wiki/File:PiazzaDItalia1990.jpg

올랜도(Orlando)

Walt Disney World Resort
https://commons.wikimedia.org/wiki/File:Mickey_Mouse_%26_Minnie_Mouse_topiary_at_Walt_Disney_World_Resort_in_Orlando,_Florida,_USA_(15013886433).jpg

밴쿠버(Vancouver)

Totem Poles
https://commons.wikimedia.org/wiki/File:Totem_Poles_in_Stanley_Park.jpg

Robson Square
https://commons.wikimedia.org/wiki/File:Robson_Square_Vancouver_04.JPG

시카고(Chicago)

Millennium Park
https://commons.wikimedia.org/wiki/File:Millennium_Park_Chicago_03.jpg

Farnsworth House
https://commons.wikimedia.org/wiki/File:Farnsworth_House_Exterior_1.jpg

포트워스(Fort Worth)

Kimbell Art Museum
https://commons.wikimedia.org/wiki/File:Fort_Worth_Cultural_District_June_2016_19_(Kimbell_Art_Museum).jpg

Modern Art Museum of Fort Worth
https://commons.wikimedia.org/wiki/File:Ft_Worth_Modern_03.jpg

뉴욕(New York)

Solomon R. Guggenheim Museum
https://commons.wikimedia.org/wiki/File:Solomon_R._Guggenheim_Museum_(48059131351).jpg

Vessel
https://commons.wikimedia.org/wiki/File:The_Vessel.jpg

뉴 헤이븐 & 보스톤(New Haven & Boston)

Beinecke Rare Book Library
https://commons.wikimedia.org/wiki/File:Beinecke-Rare-Book-Manuscript-Library-Interior-Yale-University-New-Haven-Connecticut-Apr-2014-b.jpg

Simmons Hall
https://commons.wikimedia.org/wiki/File:Simmons_Hall_and_Briggs_Field.jpg

나이아가라 폴스(Niagara Falls)

Niagara Falls
https://commons.wikimedia.org/wiki/File:Niagara_Falls_001.JPG

Royal Ontario Museum
https://commons.wikimedia.org/wiki/File:Royal_Ontario_Museum_in_Fall_2021.jpg

라스베이거스(Las Vegas)

Las Vegas
https://commons.wikimedia.org/wiki/File:Las_Vegas_New_York_New_York_2013.jpg

Hoover Dam
https://commons.wikimedia.org/wiki/File:Top_of_Hoover_Dam.jpg

솔트 레이크 시티(Salt Lake City)

Salt Lake City
https://commons.wikimedia.org/wiki/File:Salt_Lake_City_-_July_16,_2011.jpg

덴버(Denver)

Denver Art Museum
https://commons.wikimedia.org/wiki/File:Denver_Art_Museum_2_(cropped).jpg

산타페(Santa Fe)

Georgia O'Keeffe Museum
https://commons.wikimedia.org/wiki/File:Georgia_O%27Keeffe_Museum,_Santa_Fe_NM.jpg

피닉스(Phoenix)

Taliesin West
https://commons.wikimedia.org/wiki/File:Taliesin_West,_Scottsdale_(8226715372).jpg

세인트루이스(St. Louis)

The Gateway Arch
https://commons.wikimedia.org/wiki/File:St._Louis_Arch,_Missouri,_U.S.A.jpg

아트 타운(Art Town)

Figge Art Museum
https://commons.wikimedia.org/wiki/File:Figge_Art_Museum_By_Nate_Woolsey_07-04-18.jpg

Akron Art Museum
https://commons.wikimedia.org/wiki/File:AkronOhioArtMuseum.jpg

뮤직 시티(Music City)

Rock & Roll Hall of Fame
https://commons.wikimedia.org/wiki/File:Rock_and_Roll_Hall_of_Fame2.jpg

Elvis Presley's Memphis
https://commons.wikimedia.org/wiki/File:Elvis_Presley_house_Memphis_TN.jpg

워싱턴 D.C.(Washington D.C.)

Vietnam Veterans Memorial
https://commons.wikimedia.org/wiki/File:Vietnam_War_Veterans_Memorial_perspective.jpg

National Gallery of Art-East Building

https://commons.wikimedia.org/wiki/File:East_Building_of_the_National_Gallery_of_Art.jpg

필라델피아(Philadelphia)

Falling Water
https://commons.wikimedia.org/wiki/File:Falling_Water_view_from_entrance.jpg

포틀랜드(Portland)

Portland Building
https://commons.wikimedia.org/wiki/File:Portland_Building_1982.jpg

샌디에고(San Diego)

Salk Institute for Biological Studies
https://commons.wikimedia.org/wiki/File:Salk_Institute_2.jpg

찾아보기(인명)

ㅁ

ㅂ

ㅅ

ㅇ

ㅈ

ㅊ

ㅌ

ㅍ

ㅎ

찾아보기(사항)

B

C

G

I

J

L

U

W

ㄱ

ㄴ

ㄷ

ㄹ

ㅁ

ㅂ

ㅅ

ㅇ

ㅌ

ㅍ

ㅎ

정태종

서울대학교 치과대학 학사
가톨릭 대학교 의과대학 치과학 석사, 박사
치과교정과 전문의
미국 사이악(SCI-Arc. Southern California Institute of Architecture) 건축 석사
미국 Roschen van Cleve Architects, Junior Architect
미국 친환경 건축물 인증 전문가 LEED AP, BD+C
네덜란드 델프트 공대(TU Delft) 건축학과 연수
네덜란드 건축사
서울대학교 공과대학 건축학과 박사
현 단국대학교 공과대학 건축학부 건축학전공 강의전담 조교수

모든 도시는 특별시다

초판발행 2022년 8월 25일

지은이 정태종
펴낸이 안종만·안상준

편 집 전채린
기획/마케팅 장규식
표지디자인 이소연
제 작 고철민·조영환

펴낸곳 (주)박영사
서울특별시 금천구 가산디지털2로 53, 210호(가산동, 한라시그마밸리)
등록 1959. 3. 11. 제300-1959-1호(倫)
전 화 02)733-6771
f a x 02)736-4818
e-mail pys@pybook.co.kr
homepage www.pybook.co.kr
ISBN 979-11-303-1602-4 93540

copyright©정태종, 2022, Printed in Korea

* 파본은 구입하신 곳에서 교환해 드립니다. 본서의 무단복제행위를 금합니다.
* 저자와 협의하여 인지첩부를 생략합니다.

정 가 25,000원